北京广播电视台卫视频道中心 | 著

天地出版社 | TIANDI PRESS

图书在版编目（CIP）数据

绿水青山 / 北京广播电视台卫视频道中心著. —成都：天地
出版社, 2022.1
　ISBN 978-7-5455-6564-5

　Ⅰ.①绿… Ⅱ.①北… Ⅲ.①生态环境建设－研究－中国 Ⅳ.
①X321.2

　中国版本图书馆CIP数据核字(2021)第190352号

LVSHUI QINGSHAN

绿水青山

出 品 人	杨　政
著　　者	北京广播电视台卫视频道中心
责任编辑	杨永龙　李晓娟
装帧设计	蒋宏工作室
责任印制	王学锋

出版发行	天地出版社
	（成都市槐树街2号　邮政编码：610014）
	（北京市方庄芳群园3区3号　邮政编码：100078）
网　　址	http://www.tiandiph.com
电子邮箱	tianditg@163.com
经　　销	新华文轩出版传媒股份有限公司

印　　刷	北京文昌阁彩色印刷有限责任公司
版　　次	2022年1月第1版
印　　次	2022年1月第1次印刷
开　　本	710mm×1000mm　1/16
印　　张	22
字　　数	150千字
定　　价	78.00元
书　　号	ISBN 978-7-5455-6564-5

咨询电话：（028）87734639（总编室）
购书热线：（010）67693207（营销中心）

如有印装错误，请与本社联系调换。

前　言

　　人类只有一个地球，地球是人类赖以生存的家园。树立尊重自然、顺应自然、保护自然的生态文明理念，维持经济发展与生态环境之间的精细平衡，全面推进绿色发展，事关人类自身的命运与未来。

　　"绿水青山就是金山银山"是时任浙江省委书记习近平于2005年8月在浙江湖州安吉考察时提出的科学论断。2018年5月18日，习近平总书记在全国生态环境保护大会上做了题为《推动我国生态文明建设迈上新台阶》的讲话，并提出了新时代推进生态文明建设必须坚持的六大原则：一是坚持人与自然和谐共生，二是绿水青山就是金山银山，三是良好生态环境是最普惠的民生福祉，四是山水林田湖草是生命共同体，五是用最严格制度最严密法治保护生态环境，六是共谋全球生态文明建设。

　　北京卫视《档案》栏目拍摄的六集大型纪录片《绿水青山》，就是以习近平总书记生态文明思想的六项原则作为主题，每一集对应一个主题，利用实地拍摄、人物探访和历史影像资料呈现的方式，通过典型的人物事件以及他们背后的生态保护故事，对习近平生态文明思想进行了较为全面的生动呈现。

党的十九大报告指出：必须树立和践行绿水青山就是金山银山的理念，坚持节约资源和保护环境的基本国策，像对待生命一样对待生态环境，统筹山水林田湖草系统治理，实行最严格的生态环境保护制度，形成绿色发展方式和生活方式，坚定走生产发展、生活富裕、生态良好的文明发展道路，建设美丽中国，为人民创造良好生产生活环境，为全球生态安全作出贡献。纪录片《绿水青山》从生态文明的角度探讨了人与自然的和谐共生，从红海滩、查干湖到三江源，展现了一幅幅绝美的生态文明画卷；从中国西南野生生物种质资源库、湖北白鱀豚国家级自然保护区到青海隆宝国家级自然保护区,反映了我国近些年在生态文明建设方面取得的成就；从京津冀大气污染治理到库布其沙漠绿化，提供了生态保护和环境治理方面的典型范例。

历时近2个月的拍摄中，制片人黄炜，总导演郝霖、韩飞，撰稿人和编导曾龙、黄珊、田青禾、王思凡、高红丹、赵相斌等10多位主创人员的足迹遍及全国10多个省、自治区、直辖市，累计行程超过3万公里，拍摄了30多个独家人物故事，积累了100多个小时的素材。各省、市宣传部门及各地方电视台、国家生态环境部、中国科学院、清华大学环境学院等60余家单位给予了极大的支持和高度的配合，组建了包括中国工程院院士贺克斌、中国科学院院士王丁、中国政法大学环境法教授王灿发等10余人的专家队伍，使节目的权威性得到了充分的保证。

理论上进行充分论证，事例上进行大量实地探访，作为一部反映我国生态文明建设的纪实作品，《绿水青山》既客观记录了我国生态优先、绿色发展的成就，又深情讲述了各地历史人文、自然风物的特色；从中既可见扶贫开发与生态保护相协调，又可见脱贫致富与可持续发展相促进。作为庆祝中华人民共和国成立70周年的献礼作品，该片在北京广播电视台卫视频道推出后获得了良好的收视效果和强烈的社会反响，并荣获由国家广播电视总局评定的"2019年度优秀国产纪录片及创作人才扶持项目优秀长片"大奖。本书将这部内涵丰富的纪录片进行了精心转化。全书以纪录片撰稿词为主体，佐以大量实景照片，集结了全国生态文明建设的典型范例，同时探讨了如何在绿水青山间擘画共同富裕的新篇章，非常适宜生态环境保护相关知识的持久传播及对大众环境保护意识的唤起，也将激励鼓舞更多人投身于自然环境保护，共同呵护绿水青山。

目录

第一章　和谐共生　　...001

第二章　金山银山　　...055

第三章　生生与共　　...111

第四章　民生福祉　　...175

第五章　因法之名　　...235

第六章　美丽世界　　...285

第 | 一 | 章

和谐共生

春生，夏长，秋收，冬藏，
自然无限，生生不息。
少年，青年，中年，老年，
人生始终，循环往复。

老子说："人法地，地法天，
天法道，道法自然。"

自然是最根本的道。
人与自然和谐共生，
才是人类文明永生之"道"。

1960年，荷兰的鹿特丹举办了第一届世界园艺博览会。1999年，中国在昆明第一次举办了世界园艺博览会。我们将这届世园会亲切地称为"99世园"，世纪之交的特殊历史时刻让它显得有些与众不同。

在新的世纪，人与自然怎样才能和谐共生？这是昆明世园会给人类提出的一个世纪命题。

转眼间，已经过去20多年，让我们再次回到昆明，看看面对20多年前在这里提出的那个世纪命题，我们到底给出了一份怎样的答卷。

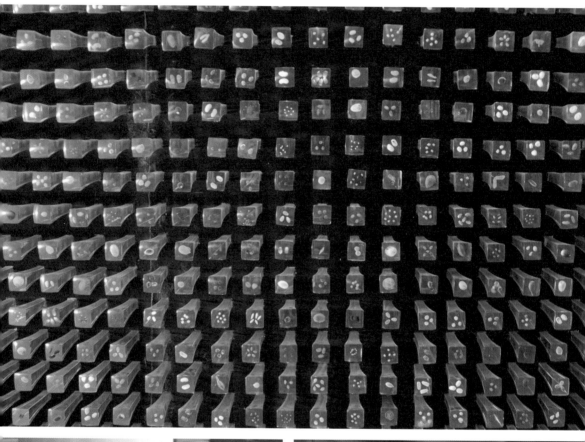

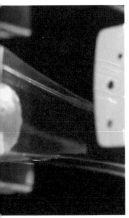

云南昆明
中国西南野生生物种质资源库

"最初，没有人在意这场灾难。这不过是一场山火，一次旱灾，一个物种的灭绝，一座城市的消失……直到这场灾难和每个人息息相关。"这是电影《流浪地球》的开场白，却在某种程度上成了一段预言。

2019年5月，联合国一份报告显示，有多达100万种物种正面临灭绝，世界正处于物种灭绝的进程中，这是地球历史上第六次出现物种大灭绝。不同于以往物种大灭绝是由小行星碰撞、地壳运动等事件造成的，这次的物种灭绝是由人类自己造成的。

正所谓 "一个基因可以拯救一个国家，一粒种子可以造福万千苍生"。

1970年11月23日，袁隆平的两位助手在海南南红农场找到一种野生稻种。袁隆平用不同的稻种与野生水稻进行杂交，成功培育出了杂交水稻，为解决我国粮食问题立下汗马功劳。

在20世纪80年代，我国云南野生稻分布地有26个，然而到1995年只剩下两个。也就是说，我们现在再想利用野生水稻资源培育出新的水稻品种已经相当困难了。

由此可见，每一个物种的灭绝对人类来说都是不可挽回的损失。某种意义上说，一个物种决定一个民族的兴衰，一个基因决定一个产业的发展。

面对这次物种灭绝危机，1999年昆明世园会期间，我国著名植物学家吴征镒院士向国家提议，建立我国自己的"种质资源库"，以保存珍贵的野生植物种质资源。他的提议得到了国家的高度重视。

2007年2月，中国西南野生生物种质资源库主体工程竣工。2008年11月19日，时任国家副主席的习近平同志在云南调研期间来到种质资源库视察工作。在这次视察中，习近平留下了这样意味深长的嘱托。

他说："要推动形成经济发展是政绩、保住青山绿水是更大政绩的科学导向。"

2009年10月，中国西南野生生物种质资源库在昆明正式投入使用。作为植物界的"诺亚方舟"，中国西南野生生物种质资源库的职责是收集和保藏珍贵的野生植物种质资源。正因为中国西南野生生物种质资源库的存在，很多珍贵的植物在这个对它们来说危机四伏的地球上，摆脱了被灭绝的命运，让自己的基因得以继续陪伴人类。

恩格斯曾经说过：我们不要过分陶醉于我们人类对自然界的胜利。因为每一次这样的胜利，自然界都对会我们进行报复。如今，这种报复正在以物种加速灭绝的方式，悄然向我们逼近。

当人类活动不可避免地与大自然产生矛盾时，守护住大自然的遗传基因，这将是人类实现与自然和谐共生的一种特殊方式。

由此，一场全国珍稀野生植物种子采集战正式打响。

"种质"和"种子"不是一个概念。"种质资源"泛指一切包含植物遗传信息的资源，比如种子、花粉、组织培养物等。种子只是种质资源的一种，但却是最重要的一种。

所以种子的采集十分重要，对于采集者的要求也十分高。

作为野生生物种质资源库的采集员，需要有良好的身体素质，因为他们经常要背着沉重的标本夹和照相机等二三十公斤的设备跋山涉水，有时候为了采集一份种子，甚至进入原始森林里，一待就是一个多月。在那人迹罕至的地方，各种危险如影随形。在野外会遇到一些诸如毒蛇、蚊子、蚂蟥等的毒虫，这几乎成了家常便饭。有时还会遇到一些大型的野兽。这些都是存在的危险。

正是因为他们的不怕困难不惧危险，很多野生植物的基因才得以留存，因此我们为他们起了一个诗意的名字："种子猎人"。

郭永杰是中国西南野生生物种质资源库的一名采集员，他已经从业10多年了。从青葱少年到有型大叔，10多年间他每天都在与时间赛跑。

"我有一种紧迫感，因为随着经济社会的发展越来越快，很多物种都在加速灭亡或者消失，不经意间，甚至每一天都可能有一种野生植物在地球上永远消失。我要抢在它们消失之前把它们的种子永远保存在种质资源库里才行，这样这个物种灭绝了之后，我们还可以从种质资源库中取出它的种子，进行生态恢复。"郭永杰如是说。

郭永杰一般出去采集种子需要一周到两周的时间，每次野外采集的内容都不同，这次他的目标是采集一种珍稀的野生植物种子——火棘。

事实上，采集员在采集物种的时候，要把它分布的具体位置、海拔记录下来，就需要用到GPS（全球定位系统）设备。有时在采集某些草本植物的标本时需要挖根，就用山菜掘把它挖出来。

郭永杰这次要去的地方叫小哨封山育林区，是昆明附近比较典型的喀斯特山地。这里有很多好的物种，包括国家二级保护植物金铁索，它是云南白药的一种成分。

在路上，他们遇到一种珍贵的植物马桑。这种植物有两个种，一个是木本的，一个是草本的。他们之前去独龙江采过草马桑。

郭永杰这次要采集的火棘是蔷薇科火棘属的一种，这种植物非常有用。火棘有个俗名叫"救军粮"，也叫救兵粮、火把果。

据统计，截至2020年底，中国西南野生生物种质资源库已经收集保存种子10601种，85046份，约占我国植物物种总数的三分之一，基本杜绝了我国野生濒危植物永久灭绝的风险。

"种子猎人"们给人类带来了希望，留给自己的却是满身的伤疤。我们从郭永杰的身上看到很多大大小小的伤疤，这是他出去采集的时候弄伤的：有钻丛林的时候被树枝刮伤的，有被刺扎伤的，有爬树时候不小心摔下来被树干蹭伤的。这些伤疤虽然看上去狰狞恐怖，却是一枚枚特殊的军功章。

一位哲人曾经说过：人类文明是从砍倒第一棵树开始，到砍倒最后一棵树结束。

生态环境没有替代品，用之不觉，失之难存。

党的十八大以来，我国集中进行生态文明建设，不断加大建设力度，落实各种生态保护举措，不断推进生态环境保护恢复进程，取得了非常好的成效——山更绿了，水更清了，物种快速灭绝的速度得到了有效遏制。

2017年，中科院昆明植物研究所的专家在金沙江边的丽江市巨甸镇发现了一份惊喜。他们意外地找到了已经消失了20年的珍贵树种——云南梧桐。为了防止这仅有的一小片云南梧桐因为各种原因被摧毁，它的种子被小心地存进了种质资源库。

随着环境的不断改善，我们还有机会找到已经消失多年的植物，这真的是意外之喜。这不由得让我们联想到动物。既然能在20年后再次找到云南梧桐，是不是我们也可以期待，有机会再次见到那些已经多年没有看到的动物呢？

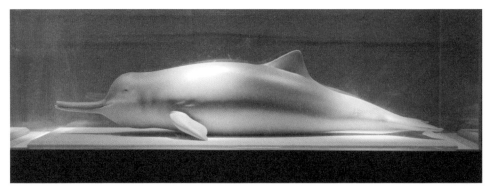

中科院水生生物研究所
水生生物博物馆

长江里有两种淡水豚类，一种是现在大家仍然能够看到的江豚，另一种就是被宣布功能性灭绝的白鱀豚。

白鱀豚，亦称"白鳍豚"，是鲸目动物，豚体呈纺锤形，体长1.5—2.5米，吻部似鸟喙般向前伸出，窄而长，吻尖略向上翘，额顶显著隆起，鼻孔长在头顶，眼极小，在口角后上方，背鳍三角形，鳍肢较宽，末端钝圆，尾鳍呈新月形。白鱀豚主要生活在长江中下游及与其连通的洞庭湖、鄱阳湖、钱塘江等水域中，以淡水鱼类为食，常在晨昏时游向岸边浅水处进行捕食。

由于人类建坝等活动的影响，白鱀豚的分布区域逐渐减小，1990年以后洞庭湖及鄱阳湖里白鱀豚基本绝迹，南京附近也踪迹罕至。1997年至1999年国家农业部组织的三次大规模考察中，南京下游临近江阴就再未发现白鱀豚的踪影。2000年至2004年的几次观测中，白鱀豚主要分布在长江洪湖段、九江段、铜陵段三个区域。目前为止最后一次发现白鱀豚是在2004年8月南京江段搁浅的一具白鱀豚尸体，实在太过可惜。

白鱀豚淇淇是中科院水生生物研究所（简称"水生所"）饲养了22年的一头白鱀豚，从1980年到2002年，它一直生活在水生所的白鱀豚馆中，是人工环境下最高寿的一头白鱀豚。

时至今日，即便淇淇已经永远地离开了，但每逢节假日，仍有很多人不远万里来到武汉，到水生所博物馆里，聆听一头传奇的白鱀豚与人类相濡以沫22年的故事。

1980年，幼年的淇淇在洞庭湖搁浅，沿岸的渔民从没有见过这么大的鱼，都吓了一跳。一个渔民用铁钩刺穿它的背部把它拖上岸，淇淇受了很严重的伤。当渔政部门通知中科院水生所的专家把它接回去的时候，淇淇已经奄奄一息了。

1980年1月12日，淇淇被送往武汉进行救治。在当时非常艰难的条件下，专家们花了近半年的时间才将它救活，后来中科院水生所的老所长伍献文先生给它起名"淇淇"。

1992年，国家斥资1200多万专门为淇淇建了一座白鱀豚馆。搬进新家的它有了更好的生活条件，来看望它的人越来越多。随着媒体报道的增多，淇淇逐渐成了大明星。但在被人工饲养之后，无论怎样都无法排解它孤独寂寞的心情——它再也不能在长江中肆意畅游了。

2002年7月14日，淇淇走完了它传奇的一生。

世上惟一人工喂养的白鳍豚　市民点击
"淇淇",静静地走了

费的白鳍豚

王丁教授陪伴了淇淇21年，是陪伴淇淇时间最长的一位专家，淇淇离世之后，他就不太愿意再来白鱀豚馆了，每次来他都睹物思豚，恍惚间，他总感觉淇淇还在这里。淇淇去世之后，很多媒体都前来采访，他们几乎不约而同地提出要求，希望王丁教授能站在饲养淇淇的池子旁边说几句话，但那对于与淇淇相处了21年的王丁教授来说实在是太过残忍，所以他拒绝了所有人。但后来他还是决定要坚强地面对这个现实，在采访刚开始的时候，王丁教授只是看着淇淇曾经玩乐的池子，就已经哽咽了。

淇淇的一生虽然失去了自由，但跟那些死在长江中的同类相比，它无疑是幸运的。因为白鱀豚游泳的姿势非常高雅，人们将白鱀豚誉为"长江女神"，它的种群数量是长江生态环境的晴雨表。从20世纪80年代开始，随着长江沿岸过度开发，长江的各种环境问题变得越来越严重，白鱀豚的种群数量开始逐渐下降。

而随着淇淇的去世，人们再也没有见过一头活着的白鱀豚，人们纷纷以各种方式纪念它，也是在纪念那些永远也找不回来的长江里的白鱀豚。

2007年，白鱀豚被宣布功能性灭绝。习总书记曾经说：长江病了，而且病得还不轻。白鱀豚的消失，似乎就代表着长江的病情。

以史为鉴，生态兴则文明
兴，生态衰则文明衰。

从古巴比伦到古楼兰，多少历史事实告诉我们，
只有实现人与自然和谐共生，人类文明才能得以
延续。

长江流域的11个省市约占全国国土面积的21%、
人口的40%、生产总值的47%，是我国经济总量
最大、腹地最广阔的经济区。而长江流域过度繁
忙的水上运输、江水的严重污染，以及大量水利
工程建设，无一不显示着长江的生态急需保护治
理。

2016年9月，《长江经济带发展规划纲要》正式印
发。要振兴长江经济带，就要从振兴长江生态环
境开始。

现在，虽然白鱀豚馆已经没有白鱀豚，但是为了纪念淇淇，这里依然叫白鱀豚馆。这里生活着7头人工饲养的江豚。江豚也是国家濒危野生动物。20多年对淇淇的研究和饲养，为今天江豚的保护和繁育积累了丰富的经验。2005年，人工繁育的第一只江豚淘淘出生，成为我国江豚保护领域一项重大科研突破。

湖北长江天鹅洲白鱀豚
国家级自然保护区

张新桥，王丁老师的学生，是当年第一个看到江豚淘淘出生的专家，他博士毕业之后并没有从事学术研究，而是加入世界自然基金会，走在了江豚保护的第一线。

1992年，湖北长江天鹅洲白鱀豚国家级自然保护区成立。这里跟白鱀豚馆一样，并没有白鱀豚，而是成了江豚的乐园。江豚被人工迁移到这里，进行保护。现在大约有100头江豚生活在这里，是全国唯一的江豚数量不降反升的地区。

2017年11月10日，农业部长江办组织了新一轮长江江豚生态科学考察。这次考察发现江豚1012头。虽然江豚仍然处于种群极度濒危状态，不过种群数量极度下滑趋势已经得到了遏制。

江豚的数量也是长江生态环境的晴雨表，江豚种群数量下滑的趋势得到遏制，从某种程度上说明了这些年长江整体生态环境在朝好的方向发展。

党的十八大以来，"生态优先、绿色发展"的理念已为长江沿岸的广大干部群众理解和接受，"共抓大保护，不搞大开发"成为长江经济带发展的前进方向。2016年1月，在重庆发表长江大保护的号召以后，整个社会氛围都发生了变化。大家越来越关心长江大保护的问题。

2015年以来，长江经济带集中开展了取缔非法码头、非法采砂的行动。截至2018年底，非法码头中有959座已彻底拆除、402座已基本整改，饮用水源地、入河排污口、化工污染、固体废物等专项整治行动扎实开展。

随着生态文明建设的发展和多年的治理，长江的水质变好了，环境变美了，非法采砂、非法捕鱼的人没有了。长江中的鱼类数量在稳步回升，这让江豚有了更多的食物和更好的栖息环境，江豚的种群数量回升指日可待。

长江绵延千里，最终奔流入海。江豚的身影昭示了长江的洁净，那么大海呢？谁来为大海代言呢？

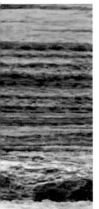

辽宁辽河口国家级自然保护区

斑海豹也称大齿斑海豹、大齿海豹，是唯一能在我国海域繁殖的鳍足类动物，是国家一级保护动物，有"海上大熊猫"之称。渤海辽东湾作为全球斑海豹8个繁殖区之一，每年3月乍暖还寒的时候，斑海豹都会来到辽东湾顶部的辽河口产崽。

人们常把斑海豹的数量作为衡量海洋生态优劣的重要指标。在20世纪90年代初期，辽河口的斑海豹数量曾降到30只左右。但随着辽东湾海洋生态环境逐步得到改善，斑海豹的数量有了明显的回升。

辽河口湿地位于辽河口国家级自然保护区内，拥有鸟类300多种，位于全球八大鸟类迁徙路线上，它对整个辽东湾的海洋生态环境有着至关重要的意义。辽河口湿地降解了辽河中绝大多数的污染物，是辽河入海之前最后一道生态屏障。

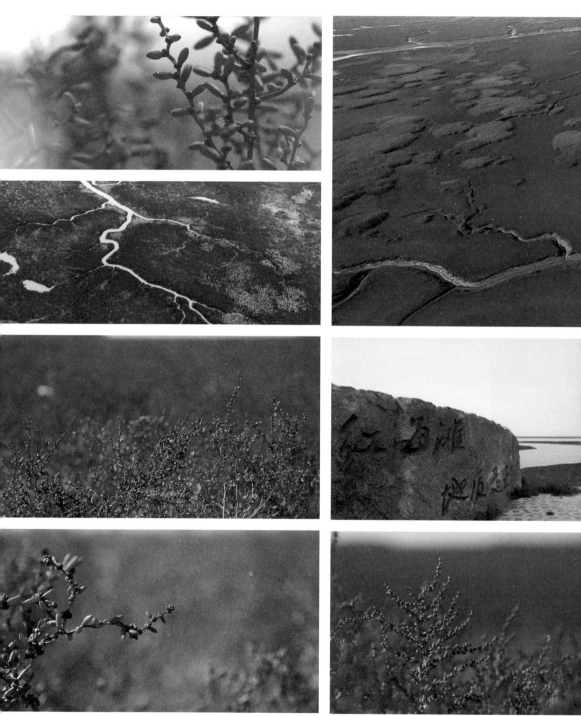

在盘锦，要想知道湿地好不好，最直观的就是看红海滩够不够红。红海滩是辽宁省一张靓丽的名片，是辽河口湿地文化的标志和象征，也是辽河口湿地的重要组成部分。红海滩之所以是红色的，是因为这里生长了一种叫翅碱蓬的植物，它的两片叶子像小鸟的翅膀，颜色是赤红色。在涨潮落潮交汇的滩涂湿地上，翅碱蓬和芦苇荡交错生长，形成了一幅美丽的画卷。

而随着经济活动的范围越来越广，辽宁人印象中的红海滩似乎没有他们儿时记忆中那么大、那么红了。红海滩陆续出现小面积的退化，往日繁茂的翅碱蓬渐渐开始干枯、死亡，昔日壮观的红海滩逐渐只剩下枯枝与裸露的滩涂。红海滩的退化只是辽河口湿地所面临问题的一个缩影，随着人类活动的加剧，人类与湿地的矛盾逐渐凸显。

事实上在新中国成立以前，盘锦地区荒无人烟，人称"南大荒"，那时人类与自然的矛盾还不是特别严重。直到20世纪60年代，辽河口发现了石油，由此催生了盘锦市。人们开始大量开采石油，在绿油油的芦苇中总有石油开采机械来回穿梭，就像一件漂亮衣裳上打了几个补丁，显得格格不入。随着城市的发展、人口的增加，盘锦的水稻种植和水产养殖也逐渐发展起来。油田开发、水稻种植和水产养殖，这些活动不断侵占着辽河口天然湿地的面积，同时带来了大量的污染。

自然再也无法忍受这样毫无节制、粗暴无序的掠夺了，它开始了惩罚——从20世纪90年代开始，辽河口天然湿地面积大幅缩减，鸟类和斑海豹的数量也大量减少。

面对这样无情的惩罚，人们开始意识到：如果辽河口湿地再不加以修复，继续不管不顾地加以开采、利用，索求无度，那么整个辽东湾海域的生态系统将遭到毁灭性的破坏。

习近平总书记曾经说过，在整个发展过程中，我们都要坚持节约优先、保护优先、自然恢复为主的方针，不能只讲索取不讲投入，不能只讲发展不讲保护，不能只讲利用不讲修复，要像保护眼睛一样保护生态环境，像对待生命一样对待生态环境。

李晓静是盘锦市森林病虫害防治检疫站站长，作为土生土长的辽宁人，她从小便对湿地有一种特殊的情结。辽河口湿地不断减少，李晓静看在眼里，急在心底，虽然能理解农民是为了生存，但这丝毫不能缓解她内心的焦躁。

党的十八大以后，在党中央的领导下，盘锦加大了对辽河口湿地的保护和修复工作。一场浩大的滨海湿地修复工程开始了。2015年，盘锦开始了"退养还滩"工程，实施了辽河口海域8.4万亩围海养殖滩涂的清退回收，以及周边受损滩涂、潮沟整治、滨海湿地植被修复与重建项目。当时这是全国规模最大的湿地修复工程。

随着十八大把生态文明建设纳入"五位一体"总体布局，盘锦市加大了湿地保护力度，增加了巡护执法。自此，李晓静每天的任务就是和同事们在辽河口国家级自然保护区内驱车300多公里，检查保护区内是否存在破坏湿地生态环境的不法行为。

"我们以保护区内巡护为主，在巡护的过程当中，我们要制止一些乱捕、乱猎、乱搭、乱建、乱开、乱垦的行为。我们在巡护过程中，发现违规行为70多起，直接制止的就有30多起。剩余的就是逐渐宣传，和当事人沟通，再逐渐解决。"李晓静一面巡护一面说，在巡护过程中难的不是别的，难的是有时候群众真的不理解他们的工作。本地的农民大都靠养殖和种水稻为生，要拆除养殖人员的看护房之类的违规建筑等，他们就会很排斥、很反对。

因此李晓静一直致力于做农民的思想工作，只有真正让农民理解保护湿地就是在保护他们的家园，农民才能更积极、更主动地支持巡护工作。

在拆除柴板房时，圈河巡护管理站郝站长曾受到当地居民的威胁，当时李晓静和同事们都有些担心，但是郝站长没有惊慌，他说："我做的是保护湿地，保护我们人类的肾脏和肺部的工作，所以他威胁不到我，我做的是正当的事情。"这种无所畏惧的态度深深感染了李晓静。后来通过宣传教育，群众的环境保护意识逐渐增强，对他们后续的工作给予了非常大的支持。

与此同时，油田从湿地退出的工作也在有计划地进行。油田存在比较早，但是群众保护意识、配合度十分高，在划定核心区域之后，他们逐步把核心区域的油井一个个有计划有步骤地予以清除。

经过众人多年不懈的努力，辽河口湿地的生态环境终于得到了明显改善。不但鸟类种群数量逐年提升，曾经退化的红海滩也在一年一年恢复，就连来此产崽的斑海豹数量也在逐年增加，一切都朝着好的方向发展着。人们悄悄地把伸向湿地的手缩了回来，精心地恢复着它本来的面貌，在保护中逐渐学会了和大自然和谐相处。

一颗小小的种子看似微不足道，但无数的种子汇聚起来就是生机蓬勃的森林。

江豚虽然仍很稀少，但那逐渐增加的数量昭示了长江奔腾不息的活力。

一片湿地不仅仅是美丽的风景，它肩负的是整片海洋的洁净。

大自然的轮回自有其发展规律。人类是大自然之子，大自然孕育又抚育了人类。

人类本身就是大自然的一部分，因此人类文明要想得以延续，就必须与大自然和谐共生。

金山银山

"靠山吃山，靠水吃水"，这句至纯至简的话语，道出了中国人眼中人类依存于自然的朴素观念。但曾几何时，人类从大自然获取财富的同时，也付出了生态环境惨遭破坏的代价。

绿水青山和金山银山之间究竟遵循着怎样的规律？

"大树华盖闻九州"的天目山起于浙皖两省交界处，向东北直入太湖。天目山北麓，余脉不绝散布于浙江湖州境内，这里便是典型的中国南方丘陵地貌。

浙江素有"七山二水一分田"之说，人在逼仄的自然空间中生存，终于生发出了"靠山吃山，靠水吃水"的生产智慧。

据《安吉县志》记载，早在南宋时期，湖州地区便有了对山的开发，劈山为田，掏山为窑，我们的祖先用智慧从大自然中获得生存资源。然而，对自然无节制的开发，最终也让人类遭到自然无情的反噬，到明朝时期，浙江一些地区的环境已经变得非常恶劣了。大学者顾炎武在《天下郡国利病书》中无奈地说：炭七百担，柴一千七百段，雇工八百余……食尽一山则移一山。

经年累月无节制的开发使用，绿水青山终于变成了恶水穷山，生活在这片土地上的人，一代代背负着沉重的环境负担。

浙江省安吉县鲁家村

然而今天，智慧的中国人却寻找到了一条与自然和谐相处的道路，更对"绿水青山就是金山银山"的生态哲学有了更深层次的领悟，逐渐在"两山"之间找到了共生共存、交融一体的完美答案。

浙江省湖州市安吉县鲁家村。村内绿毡子般的大地上，烟波潋滟花凝露，绿影婆娑鸟共舞。红色的观光小火车，载着唱着欢快歌谣的人们环村驶过。放眼望去，十多个家庭农场连成一片，水光山色风情万千。游人不禁感慨，如此美丽的景色，怎像是一个曾经有着巨大环境负担的山村？

鲁家村位于安吉县递铺镇东北部，是一个由13个自然村构成的村落集群，全村占地面积16.7平方公里，旅游业目前是村子的支柱产业。2018年9月26日，中国浙江省"千村示范、万村整治"工程荣获联合国环境规划署"地球卫士奖"，这是联合国在环保领域颁发的最高荣誉，代表浙江在纽约联合国总部领奖的就是来自鲁家村的村委会主任裘丽琴。

1990年，25岁的裘丽琴嫁进了鲁家村。她还记得那时村里的情景：垃圾靠风刮，污水靠蒸发；蚊蝇满天飞，臭气四季吹。这个顺口溜形象地描述了当时村里的恶劣环境，以及村民们的无奈。脏乱和贫穷就像两条带刺的铁链，紧紧地捆绑在鲁家村人的身上。

觉得这个顺口溜"有趣"的裘丽琴将它记录在自己的笔记本上，她想都没有想过村子会在近30年后成为全国闻名的世外桃源，当时的她只是希望村里的环境能够稍微改善一些。

然而十年时间过去了，2000年左右，村里的环境依然没有改善。"路是泥巴路，房是土坯房，污水和垃圾遍地都是。"裘丽琴在日记本上这样写道，此时的环境相比十年之前，依然没有改善。

鲁家村真正起变化是在2003年，这一年6月，"千村示范、万村整治"工程在浙江省正式启动，农村生态环境从那时起得到改善，农民的生活质量得以提高，旧貌换新颜的村子中就有鲁家村。

两年后，距离鲁家村不到30公里的安吉县余村，一件影响更为深远的大事发生了。

2005年8月15日，时任浙江省委书记的习近平同志前往余村调研。在听取当地村干部介绍余村关停了水泥厂和矿山，要走生态发展新路时，习近平高兴地表示：

"我们过去讲既要绿水青山，又要金山银山，实际上绿水青山就是金山银山。"

两山理论就此诞生！

一场东风吹过，漫山遍野花开，而鲁家村就是其中最艳丽的一朵。在两山理论的指导下，鲁家村逐渐走上了人与自然和谐发展的道路。

2011年，一件与裘丽琴相关的大事发生了，她被选举为鲁家村村委会主任。当选村主任的她和村干部们一起，为绘制"从无到有"的乡村新蓝图而奋斗着。农村环境直接影响百姓的菜篮子、米袋子、水缸子，要想让老百姓过得好，首先要改变大家的居住环境。

裘丽琴上任后，与搭档村党支部书记朱仁斌做的第一件事就是筹资为村内购置垃圾桶、聘请保洁员。改造后，房前屋后乱堆乱放的现象在村里彻底不见了，因为没有了乱扔的垃圾，流过村子的河流变得清澈了，鲁家村的面貌变美了。随后，裘丽琴和鲁家村领导班子成员一致决定要将村中所有的旧房子换成新房子。裘丽琴知道，村庄的第一步跨越成功了。

绿水青山初见端倪，金山银山在哪里呢？裘丽琴说，就在自己苦思冥想村子出路时，党的十八大召开了，中共中央首次提出发展家庭农场的要求，这无疑给鲁家村的乡村发展提供了一条新思路。

抓住这个千载难逢的时机，就意味着能将绿水青山变成金山银山。鲁家村立即提出了打造家庭农场聚集区的理念，18家各具特色的家庭农场破茧而出。

朱仁元是鲁家村18家农场主之一，他的盈元农场是村里的示范农场。2013年之前，朱仁元因为做生意已经离开了村子，2013年鲁家村开展美丽乡村建设，朱仁元经过再三思量，决定搭乘这班美丽乡村建设的"列车"，他返回村里创办了盈元农场，也因此成为村中返乡创业的第一人。

朱仁元对自己创业的信心来自鲁家村的绿水青山。经过整治后的鲁家村秀美绿色的新村貌，是朱仁元等农场主们背后最大的资本。

"我是以茶叶为主要产业，带动第二产业茶叶衍生品，然后带动第三产业旅游业。除了圆自己的茶叶梦，我还希望带动更多的人回乡创业，振兴乡村。"朱仁元如是说。

朱仁元的农场是鲁家村发展模式的一个缩影。依托这片绿水青山，鲁家村成功地以农业带动村民发展休闲产业，走上了发展绿色经济之路。

绿水逶迤去，青山相向开。为把18个散落的农场串联起来，2015年底，鲁家村长达4.5公里的火车观光线路落地。为了增加旅游观光的文化属性，设计者还在沿途设置了24座碑亭，刻上了二十四节气的名称。但它们的顺序被有意设计成倒叙，从大寒一直到立春。这个设计凝聚了裘丽琴和鲁家村村领导班子的心血，寓意着它将满载鲁家村人对未来的美好憧憬，驶向更加灿烂的明天。

观光小火车，既是18个农场协同发展的重要纽带，也是鲁家村一张金色的名片。因为它的存在，鲁家村一年接待的游客量超50万人次，全村资产总量超过了2.5个亿，成功地从"落后村"变身省级田园综合体、乡村旅游明星项目。

35岁的叶宗友是这列名为"阿鲁阿家"的小火车的司机，每天早上九点，他都会开着"阿鲁阿家"号小火车，载着一批又一批的游客进入村里，带领游客们悠闲地体验田园秀色和农家风光。

出发前叶宗友会仔细检查小火车的情况，和扳道工确认道岔是否搬好。这是他热爱的工作，看着美好的家乡和快乐的游客，叶宗友对这片绿水青山充满了自豪之情。

当恶水穷山变成绿水青山，一切的故事都在向好的方向发展，正如裘丽琴在笔记中所写的那样：我家乡的蝶变故事，也是变化中的中国农村共同的故事。

吉林省松原市查干湖

水波荡漾，芦苇摇曳，碧水蓝天，荷美鱼肥。

每到风平浪静的夏日，凌晨四点前后，吉林省前郭尔罗斯县辖内的这片广阔水域，总会出现几艘小船。这是张文和他的兄弟们在劳作。

张文是远近闻名的查干湖鱼把头，打了几十年鱼的他从没有想过，有一天打鱼这种劳作会与艺术、文化这样的文字联系在一起，而自己也因为一身过人的打鱼本领，成为国家非物质文化遗产传承人。张文得到的这一切，都来自查干湖所赐。

查干湖位于吉林省西北部，它原称查干泡、旱河，"查干"这两个明显的音译汉字，在原语境蒙古语中的意思是"白色"。白色是蒙古族的圣洁之色，将湖命名为"查干"，可见这个湖在东北部蒙古族人民心中的地位。

历史上，查干湖曾经是嫩江主河道的一部分，经过多年河道变迁堰塞淤积，最终形成一个东西长38公里、南北宽14公里的大湖。查干湖野生动植物种类丰富，渔业资源尤其丰富，湖区共有40多种鱼，其中以鲤鱼、鲢鱼、鳙鱼数量众多。

查干湖冬天全湖结冰，冰层厚度可达1米，冰层下大量的鱼群需要氧气，居住在查干湖附近的渔民将冰面破开一个洞，鱼群就会向洞口聚集，因此破冰捕鱼就成了查干湖居民冬天主要的生活方式和经济来源。这也成就了这里一项声名赫赫的冬季活动：每年一度的冰上冬捕。

新中国成立后，查干湖渔业得到了极大的发展，到1960年前后，查干湖进入渔业的黄金时代，鱼产量连年刷新纪录，查干湖鱼行销整个东北。然而，在渔业不断刷新纪录的同时，查干湖也正遭受着严重的生态破坏。

仅仅十年时间，由于掠夺式捕捞，加上气候干旱、拦河筑坝，查干湖湖泊面积锐减，湖内一度到了无鱼可捕的地步。渔业枯竭，土地盐碱化，查干湖成了远近闻名的"穷川子"。

人与自然是否相处和谐，河流是最好的见证。

查干湖丰富的渔业资源是大自然对人类的馈赠，查干湖渔业的枯竭则是大自然对人类掠夺式开发的惩罚。

在面对自然界的惩罚时，人类
终于开始痛定思痛。

1976年，"引松工程"（引松花江水）在吉林省展
开，查干湖位于整个工程的中段。在前郭尔罗斯县政
府的指挥下，老百姓用最原始的工具，历时八年时间
修通了一条50多公里的人工运河，串联起查干湖等几
个湖泊，已经几年不见大水的查干湖再现生机。

1984年8月，"引松工程"举行了隆重的通水典礼，
这条人工运河成功地将松花江水源源不断地引入查干
湖，查干湖"复活"了。

随着碧波万顷到来的是渔业的复兴，但也许是因为曾
经失去，查干湖人懂得了珍惜。面对着失而复得的一
片绿水，查干湖人决定用自己的方式去守护它。

查干湖人明白，在300多平方公里的湖面上，渔民们各自为战的结果就是竭泽而渔，这个被经济学家称为"公地悲剧"的学术难题，被查干湖人以组织的形式解决了。查干湖人组织起来，进行统一集中捕捞，集体化作业，从而有效地控制了捕捞地域和规模。

查干湖人的另外一个创举是采用六寸网眼的渔网捕捞大鱼、放生小鱼，四五斤的成鱼就从网眼过去了，带走的只会是十斤以上的大鱼。

历史上，渔民大多喜欢用寸许网眼、结构复杂的渔网作业，这样的渔网捕捞彻底，接近于"一网打尽"，但也因此给自然造成了极大的伤害，这种渔网也得到了"绝户网"的恶名。

查干湖人率先放弃了绝户网，转而使用网眼大数倍的渔网，使得渔业资源得到了可持续的发展。优良的水质让这里的鱼健壮、肥硕，没有任何污染，成为畅销全国的绿色食品，2017年销售5000多吨，带来约7000万元的产值。

2007年查干湖被评为国家级自然保护区，查干湖人与自然的和谐发展获得了全社会的认可。

获得了荣誉的查干湖人再接再厉，大面积退耕还林还草、净化水质，让查干湖的自然生态一年上一个新台阶。

"党的十八大以来，利用几年的时间，在退耕还林、涵养水源、改善水质、净化水体等多方面做出努力。重点加入污染源头的治理、排污管道和净化设备的修建、油田的停用等一系列措施，有效地保护了查干湖的水生态系统，保证了查干湖水质的安全、清洁。同时，在查干湖周边，退耕还林还草还湿将近2000公顷，减少了农业面污染，使查干湖水质更好，查干湖鱼的品质更好，查干湖的金字招牌更亮！"查干湖当地的负责人如是说。

查干湖人拥有了绿水青山，紧随而来的便是金山银山。良好的生态环境，让查干湖旅游业也发展了起来。千亩以上的荷花观赏园，落霞孤鹜、百鸟齐飞的野鸭湾湿地公园等景观数不胜数。春捺钵、夏赏荷、秋观鸟、冬渔猎，四季的查干湖千姿百态，吸引着四面八方的游客。尤其是查干湖冬捕，那壮观的场面、富有历史价值的传统习俗，逐渐成了查干湖的标志。

查干湖冬捕的标志性人物是50多岁的张文。张文是土生土长的查干湖人，经历过查干湖的没落，因此更珍惜今天的查干湖。

张文打了一辈子鱼，在当地人们都管他叫"鱼把头"，这是经验丰富的渔猎头领才能拥有的称号。每年冬捕的日子，他就带领查干湖老少组成的冬捕队伍，用传统的"马拉绞盘""冰下走网"等方式，将一条条大鱼捕出水面。

2009年，查干湖冬捕以单网产量16.8万公斤破吉尼斯世界纪录，2017年单网产量26万公斤刷新吉尼斯世界纪录，而冬捕活动也被列入吉林省省级非物质文化遗产名录，更获得了吉林八景之一的称号。现在查干湖每年冬捕都能吸引上百万游人观看，所捕获的鱼通过网络行销，走上了千万家庭的餐桌。

近些年，因冬捕而闻名全国的查干湖也做起了夏季旅游，一年一度的夏季旅游节是查干湖的重点活动。在旅游季节，来到查干湖湖边，吃一顿当地的特色美食铁锅炖鱼，品味查干湖人的待客之道，成了来东北旅游的游客的必然选择。

2018年9月26号，习近平总书记来到查干湖考察了解生态情况。总书记来时，正好渔民们在收网。看着查干湖的丰收景象，总书记十分高兴地说：

绿水青山、冰天雪地都是金山银山。

如今的查干湖方圆几百公里，已然形成了一套完整的生态经济综合体系。渔业经济、旅游业、服务业，带动了数万人就业增收。2018年底至2019年初的冬捕季，仅仅三个月，查干湖及周边地区接待游客数量就达140万人次，人数比整个前郭尔罗斯县的人口还多两倍。

2019年7月13日，在美丽的查干湖畔，在"2019郭尔罗斯马头琴音乐节"开幕式上，2019把马头琴合奏《我和我的祖国》，创造了一项新的吉尼斯纪录。

30岁的曲丽杰是土生土长的查干湖渔家儿女，身为大学毕业生的她现在是一家铁锅炖的老板。大学毕业后，曲丽杰本想去大城市闯荡打拼，但看到日益兴旺的查干湖，她最终选择了回乡创业，开了这家铁锅炖。因为服务周到、待人热情，曲丽杰有了一个亲切的名字——曲三妹儿。

曲三妹儿说："像我这样小渔村里长大的孩子，毕业后自己开店创业，就守着查干湖北湖，守着这个小木屋，如果没有这绿水，没有这青山，没有这么好的环境，我的生意也不会这么火。小店的客人络绎不绝，我就感觉生活特别充实，有奔头。"

"鱼把头"张文在他中年的时候获得了事业和财富的双丰收，曲三妹儿在自己的家乡获得了幸福生活，这一切都仰仗美好环境的馈赠，而这些馈赠也离不开查干湖人对这片冰天雪地的用心守护。

如今，绿水青山、冰天雪地都是金山银山的牌子，已经树立在查干湖的各个角落，成为查干湖人的精神丰碑。

海南省昌江黎族自治县

"忽如一夜春风来，昌江木棉漫山开。"

海南省昌江黎族自治县素来有"中国木棉之乡"的美称。昌化江畔薄雾萦绕，火红的木棉花在其中若隐若现，似人间仙境，让人心旷神怡。

木棉花的红色象征着昌江人敢干敢拼的性格和对蒸蒸日上、红红火火好日子的期盼。而随着生态环境的不断提升，另一种颜色也不知不觉间融入了昌江人民的生活，那便是象征着自然的绿色。

说起海南省，基本上大家的第一印象就是碧海蓝天、阳光沙滩，但很少有人知道在海南省的西岸曾经有一大片沙漠。那时的昌江流传着一句话"万亩风沙落海南"，说的就是海南昌江县昌化镇的棋子湾，这里曾藏着海南岛上最大最顽固的沙漠。

棋子湾的名字源于一个美丽的传说。相传两位仙人降临棋子湾，一面欣赏海景一面下棋，从清晨一直下到了中午。正午时分烈日当头，两位仙人饥渴难耐。当地的渔民拿来茶水和鲜鱼、酒肉给仙人解渴消饥。两位仙人边吃边下，等这局棋结束想要答谢渔民的时候，渔民已经不见踪影了。于是为了感谢渔民的好心肠，仙人就将棋子挥洒在这片地上，使地上布满了棋子般的石子，而这里的人们从此渔获丰盛，安居乐业。棋子湾由此得名。

现在的棋子湾石多浪静，湾水清澈见底，沙细质软，洁白如银。看着这样的美景，你根本无法把它与几十年前的棋子湾联想到一起。

1992年以前的棋子湾，到处都是流动沙丘。由于海南岛一年四季除台风和冬天之外，几乎都是东南风，从海洋带来的雨水，经过五指山后就所剩无几了，所以西岸通常比较干燥。位处西岸的棋子湾全年几乎只有从岛内向海里刮的风，并且风力很大，异常干燥，久而久之就形成了类沙漠的地质状态。因为这片荒漠的环境恶劣，所以几乎没有什么经济效益，在此生活的男人要么出海打鱼，要么出外谋生，根本没有其他的收入来源。

1992年的一天，台风突袭棋子湾。面对台风的侵袭，镇上的女人非常着急，都在港口祈祷着出海打鱼的家人安全归来。然而台风无情，狂风卷起沙子，肆虐的风沙封住了港口，驾船出海捕鱼的男人们根本无法将渔船驶进港口，狂风大浪中渔船被整个掀起，女人们隐隐看见自己的家人消失在这场风浪中，再也不见。此时的棋子湾变成了"杀人"湾。

这一年对于昌化镇来说实在太过黑暗，每每让人想起都觉得心痛。有时人们也会想，或许没有这么大的风沙，就不会有那么多的人失去生命了。

也许就是因为这份难以言喻的伤痛，同一年，昌江县林业局决定在棋子湾广泛建造海防林。承包商为造林员开出了每天7块钱的工资，这微薄的薪水让男人们根本无法接受而一个个离开。在这招人困难之际，一群妇女站了出来，拼着一腔热血加入了造林种树的队伍。

然而光有热情是远远不够的，棋子湾恶劣的环境让幼苗难以存活，流沙、高温、缺水、多风，无论哪一项都是幼苗的克星。几年间，树苗种一批死一批，入不敷出的承包商选择了放弃，但在昌江县林业局的主导和支持下，这支妇女队伍的领头人陶凤交硬是咬牙坚持了下来。

坚持总会看到希望。在海南省林业科学研究所专家的指导下，陶凤交她们终于找到了战胜黄沙的好方法。先种野菠萝来固沙、防风，然后再种树，用了这样的方法后，树苗的成活率直线上升。

"沙丘娘子"陶凤交带着这支"绿色娘子军"20多年如一日，顶着近40摄氏度的高温，在一滴水都没有的沙地上种下了300余万株树，总共1.8万多亩的海防林。"绿色娘子军"用这20多年的汗水，换来了比金钱更珍贵的绿水青山，创造了一个奇迹。

2013年4月，习近平总书记在海南强调，海南作为全国最大经济特区，后发优势多，发展潜力大，要以国际旅游岛建设为总抓手，闯出一条跨越式发展路子来，争创中国特色社会主义实践范例，谱写美丽中国海南篇章。

昌江人民谨记习近平总书记的嘱托，努力调整当地生态发展，最终找到了适合自己的生态发展之路。

如今的棋子湾已经成为人们向往的旅游景点，怪石嶙峋、林木茂密、山花烂漫、阳光明媚，银色的沙滩与湛蓝的大海连成一片，吸引了众多游客前来。随着棋子湾的名声大噪，周边的村民也跟着搭上了旅游业的"快车"。

昌江人民深入挖掘资源，打造春赏木棉红、夏品芒果香、秋游棋子湾、冬登霸王岭的全季全域旅游活动，并于2012年成功举办了首届"昌化江畔木棉红"文化之旅活动。据统计，仅在2019年2月4日至8日，短短几天的时间，昌江共接待游客85663人次，实现旅游收入1361.8万元。

昌江的旅游发展很好地诠释了"绿水青山就是金山银山"这句话。正是由于人与自然的和谐相处，生态环境的不断改善，人们才得到了大自然的丰厚回馈。

从四季如春的鲁家村到冰天雪地的查干湖，再到祖国的南海之滨昌江，在辽阔的中华大地上，有着千千万万和它们一样的成功案例。

"君子爱财，取之有道"，在新时代，这句古老的谚语有了新的含义。维持生态整体平衡，让子孙后代既能享有丰富的物质财富，又能遥望星空、看见青山、闻到花香，这才是金山银山、绿水青山的共存之道，也是人类繁衍、发展的圆满之道。

第 / 三 / 章

生生与共

"山水林田湖草"是一个生命共同体。

树养育着土，土养育着山，山与草养育着水，水养育着田，田养育着人，而水与其他自然要素是唇齿相依的共生关系。若是任何一个环节出现了问题，都可能对整个生态乃至人类生存造成严重的打击。

作为世界屋脊青藏高原腹地的三江源地区，坐落于青海省南部，总面积约30.25万平方公里，是孕育中华民族、中南半岛悠久文明的世界著名江河——长江、黄河和澜沧江的发源地，素有"中华水塔"之美誉。它是世界上高海拔地区生物多样性最集中的地区之一，这里每年向下游输送600多亿立方米的活水，养育着中下游十几亿人口。

三江源地区平均海拔超过4000米，一路走来，随着海拔不断攀升，人的呼吸开始变得困难。云雾逐渐浓重，一切陷入静谧，隐约间只能听见牛羊的低语，这里仿佛与世隔绝。再往上走，通信信号就中断了，水泥路也变成了搓板路，由此可见，即便有现代交通工具，进入三江源也并非一件易事。

然而在长途跋涉之后，夜色褪去，三江源的景色呈现在人们眼前，这极为震撼的美景让人觉得之前的一切劳累都是值得的。

赵新全篇

赵新全是三江源国家公园科学考察首席科学家，2018年，他放弃了留在四川的机会，怀揣梦想，重返他工作了几十年的三江源。

赵新全对于三江源的植物、动物、牧民、环境承载力十分关心，常带着学生四处探访观测。每次科考，赵新全都有新的发现。可能在其他人眼中平平无奇的照片，在他的眼中却是无价之宝。这里1平方米土地上，物种数量可以达到30—40个，物种的多样性是非常丰富的。

隆宝国家级自然保护区建立于1984年，位于青海省玉树藏族自治州，总面积约1万公顷。在这里，生活着大量高原珍禽"黑颈鹤"。黑颈鹤是我国特有的珍禽，是世界上15种鹤类中最稀有、最珍贵的一种。因此，隆宝国家级自然保护区成了世界鸟专家和科研工作者瞩目和向往的地方。这里，也是赵新全每次科考的必经之地。接触多了，赵新全就和隆宝自然保护区管理站的常驻工作人员慢慢熟悉起来。

2019年，赵新全与隆宝滩黑颈鹤自然保护区的研究站人员一起巡查黑颈鹤的繁育情况。工作人员告诉赵新全，他们每个月对黑颈鹤的数量检测2次，平均每年有216只，但2019年只有178只左右，每年都有这样的起伏变化。

巡查过程中，赵新全看到黑颈鹤从容地和牦牛趴在一起时十分激动，立刻拍下了这珍贵的画面。他这么激动的原因无他，只因黑颈鹤极易受惊，且正值繁育季，一旦有人靠近，它便会立即抛弃幼鸟逃走，这使得对黑颈鹤的拍摄极为困难。然而这次，居然能拍到黑颈鹤从容地和牦牛趴在一起，这不仅代表着保护区环境的整体改善，更代表动物与生态环境之间已经开始趋于平衡，这是赵新全几十年来一直期盼看到的景象。

时至今日，赵新全仍记得40年前刚刚来到三江源时所看到的景象，是那么触目惊心，让他难以忘怀。

20世纪50至90年代，由于鼠害、过度放牧等原因，三江源上百万亩草场开始出现不同程度的退化，其中，"黑土滩"的退化最为严重，秃斑状裸露的土地就像"癌症"一样迅速扩张，死去的土地没有孕育新生命的力量，播撒在这里的种子永远沉眠。

面对这种严重的环境问题，赵新全和他的团队陷入了思考：过度放牧是造成草地退化的一大因素，那么如何才能在解决过度放牧的同时，避免牧民的损失呢？经过一系列的考察、实验，在果洛藏族自治州海拔4000米的黑土滩上，赵新全和他的团队发誓要在3万亩的实验用地上种出牛羊能吃的牧草。

对于赵新全提出的农牧业结合的做法，最初的时候牧民们有很大的顾虑，一来是因为其他物种向来在这里很难存活，二来这种事情也不能马上被证明行之有效，还需要长久的观察。况且事关养家生存之事，他们不敢轻易尝试。

为了说服牧民，赵新全决定与牧民同吃同住。在那段时间里，赵新全学会了喝大酒、唱藏歌，还天天趴在圈窝子边上观察羊的长势，比牧民还要积极，仿佛这就是他自己家的羊。就这样，牧民们很快便和他成了朋友。在赵新全食物紧缺的时候，牧民们还会为他斟上珍贵的酥油茶。

回想起以前在高原工作时的艰苦，赵新全满是感慨："在最艰苦的地区，几乎每天往格尔木送下去一位年轻人，头疼是免不了的。生物研究所几位同事英年早逝，我想跟青藏高原这种严酷的环境是有关系的。但是我觉得对于一个人来说，所谓屁股决定脑袋，你干了这一行的话，就希望能够给这个行当解决一些问题。"

随着时间的慢慢推移，功夫不负有心人，赵新全的方法初见成效，这个冬天，羊的体重不减反增，牧民见了连连惊叹，慢慢就接受了他的方案。在这个基础上，赵新全和他的团队再接再厉，经过多番种植试验，一种绝佳作物进入他们的视线，那就是燕麦。普通的牧草一亩只能长出500公斤青干草，而燕麦却能长出1000公斤，这让他们看到了希望。在赵新全的带领下，整个团队反复钻研，他们建立种子基地，选育了5个青藏高原适宜的新品种，以繁育燕麦种子为主。

后来，赵新全重回往昔与同事一同建造的草籽场，不禁露出欣喜的神色。即便他离开这里多年，牧民还在种他们推广的牧草，这里的环境在变，黑土滩在减少，肉眼已经能看出当地环境有所改观。赵新全真的为此感到高兴。

据统计，截至2016年，赵新全团队累计建造饲草料基地15.56万公顷，生产优质饲草料约17亿公斤，退牧还草733万公顷。随着时间流逝，三江源的黑土滩上又冒出一片片新草，水源涵养能力大大提升。

2019年，已经60岁的赵新全到了退休的年龄，但他却坚持向所里打了报告，要求延期五年退休，他还有未完成的理想和目标。

赵新全心中有个梦，这个梦来源于几年前他在尼泊尔时看的一本叫《消失的地平线》的书，书中主要讲的是20世纪30年代，4名西方人闯入了中国西部群山之中的一片秘境，经历了一系列不可思议的事件。

书中描写了神圣纯洁的雪山、幽深狭长的峡谷、飞流直下的瀑布、四处环绕着森林的宁静湖泊、徜徉在美丽草原上的成群牛羊、澄澈干净如明镜的天空、金碧辉煌的庙宇，这些景色都有着让人窒息的美丽。赵新全被书中描绘的画面深深吸引了，他希望通过他的努力在未来能够使人与物种和谐共存，实现共同繁荣。

《消失的地平线》描绘的美景也许只是人们对世外桃源的向往。但仔细想想，在现实中，在三江源，这些真的只能是一种向往吗？有没有真的实现的一天呢？或许，时间会告诉我们答案。

马背篇

在三江源的深处，阴沉的天空中飘起毛毛细雨，远处山顶的积雪若隐若现，忽然在清冷的草原上出现了一队人马。他们中有老人，有小孩，还有一些年轻人。这是一队由当地村民自发组成的保护家园小队，他们的主要任务是清理水源地附近的垃圾。

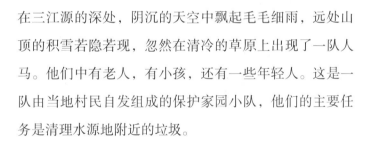

茫茫大山中，周围一栋民宅都没有，望着茫茫的草原，很难猜测这些当地村民徒步走了多远，终点又是哪里。

沿着通天河一路向前，视野逐渐变得开阔：成片的草地，干净的河水，野生动物和家畜交织。这不正是赵新全所向往的理想景象吗？这美丽的景象就来源于三江源长江源园区的治多县扎河乡马赛村。

马赛村的空气中弥漫着一股若有若无的特殊的味道，这是燃烧牛粪的味道。众所周知，这里处于青藏高原，高海拔和冬季的严寒，使得这里的草原根本不生长树木。在这里生活的牧民取暖和做饭时需要的燃料都只能就地取材，而牛粪是唯一能够方便获取的燃料，所以这里的牧民大多燃烧牛粪来取暖。

在牧民的餐桌上，最常见的就是酥油茶和牦牛肉等高热量食物，这是生活在极寒环境中的当地牧民必不可少的营养和热量的补充。

蒙蒙细雨中，马赛村几名藏族汉子整装待发，他们是一群工作性质特别"特殊"的人，工作场地不是办公室，而是在山川、草地、湖泊、河流、田地之间，而眼睛就是他们最重要的"装备"。在这里，他们有一个响亮的名号——马背巡护队。

在许多年前，巡护队员大多是单枪匹马，各自巡查自己负责的区域，这就使得人烟稀少的野外更加危机四伏，这里曾发生过数起野生棕熊袭击巡护队员的事件。在棕熊猛烈的扑击中，有人身受重伤，也有人失去了生命。一时间巡护工作陷入了僵局。让巡护队员们犯难的是，棕熊是国家二级保护动物，怎样才能在不伤害它们的情况下，保证自己的安全呢？在这个背景之下，巡护马队出现了。

村里负责组建巡护马队，只要是远途工作，就安排5到10人为一组，几人的队伍使得原本孤单的行程多了笑声与陪伴，棕熊也不敢轻易靠近了。

在马队巡护过程中，骑头马的人都是拿着国旗的，代表是祖国给他们这样的职责，他们很自豪。鲜艳的国旗，在这成片的绿地中分外显眼，它寄托着队员们生活在这祖国大好河山中深沉的情感。

马赛村的巡护队有四个大队，每一队都有一组马队，整个巡护队另有一组摩托车队。整个村子有490多户、1500多人，每一户村民都努力地对周边的生态环境保护尽自己的一分力。

哇西巴青
马赛村支部副书记
马队队长

马背巡护队的队员大多是从当地的贫困户中聘用的。2019年时，三江源地区贫困人口约24万，在国家公园体制试点范围内的6.5万人口中，就有2.4万贫困人口。马背巡护队的工作在一定程度上对当地的贫困户的生活有所改善。而对于世世代代逐水草而居的牧民来说，三江源是他们的家园，生态保护意识本来就很强，加上有了政策支持，还能拿到工资，人们保护环境的积极性就更强了，动力也更大了。

如今，生态管护员的身影出现在治多县的广阔草原上，出现在曲麻莱县的长江源头，开车到不了的地方骑马去，骑马到不了的地方走着去，走不到的地方坐船去，他们坚守着自己的岗位，尽职尽责。

队员们日复一日、年复一年地巡护在三江源地区。这份工作已不再是单纯的工作，更像是一种坚守。为了绿水青山，他们不畏艰辛，一直守护着、努力着。

才旦篇

玉树，藏语意为"遗址"，隶属于青海省，是青海省第一个、全国第二个成立的少数民族自治州，素有"江河之源""名山之宗""牦牛之地""歌舞之乡"和"中华水塔"之美誉。它位于青藏高原腹地的三江源地区，平均海拔4000米以上，空气含氧量只有海平面的60%左右。在这里，玉树特有的高原森林色彩被彰显得淋漓尽致。在巴塘河和扎曲河的交汇处，便是三江源一道独特的风景线——玉树市。

才旦是土生土长的玉树人，他从小在河边的林子里玩耍，所有关于童年的记忆，都伴随着哗哗的流水声和婆娑的树影。爷爷曾告诉他，万物皆有生命，对山水林田湖草都应当敬畏，因此，小才旦把这里的每一棵树、每一条小河都当成自己的朋友。或许是命中注定的缘分，才旦长大后从事了林业工作，这份工作对于他来说不仅仅是一个养家糊口的方式，更是对家乡生态环境的守护，这使得他有着强烈的使命感。

然而一场噩梦悄然袭来……2010年4月14日，青海省玉树藏族自治州玉树市先后发生了6次地震，最高震级7.1级，其深度为14千米，震中位于城区附近。突如其来的大地震给玉树带来了极大创伤，玉树的林业生态系统遭到了严重的破坏。灾后重建的过程中，横在才旦和众多务林人面前的是前所未有的难题——建设与保护如何并存。

树养育着水土，养育着野兽。树，是"生命共同体"中最重要的组成部分。由于玉树所处的三江源地区海拔高，植被少，树很难存活，在历史上，人们把玉树也称为"树贵如玉的地方"。这也是身为玉树人的才旦惜树如玉的原因。

在灾后重建过程中，为了保护原有的林木，才旦等人与设计单位、援建单位反复调整规划，以最优的方案给树木让道，争取不毁坏任何一棵树。当时，为了保护好树，一处新建的楼房在建造时专门为树腾出一块独有的空间。在学校搭建看台时，为了保护在原地的两棵树，经过讨论与研究，在看台设计和施工中，将这两棵树包裹在看台里面。由此可以看出，玉树人对树的珍视程度。

当年灾后重建的规划中，要求结古镇区不留一块裸露地，不仅如此，结古镇南北山也要全面绿化。由于地势海拔高等原因，以往结古镇的植被比较单一。才旦接到这个任务的时候心里一点把握也没有，非常担心种下的树活不了，毕竟在此之前结古镇从未有过如此大面积植树造林的历史。

时间一点一滴地过去，冬去春来，原本光秃秃的杨树长出了些许新芽，这个发现让才旦和所有的同事都松了一口气，脸上露出些许喜色。同事们看着才旦的头发和他开起了善意的玩笑，说稀疏的绿芽就像他的头发。

不要以为才旦的脱发是遗传，才旦的父母至今头发浓密，脱发和他的工作脱不了干系。

但面对同事的调侃，才旦一点也不生气，反而特别地兴奋，因为即使只有一点点稀疏的绿芽，也证明他们的方案行之有效。

"虽然我的头发越来越少，但是玉树的林子却越来越多了。我把头发献给了我们的林业事业，付出一点头发，还大地一点绿色，还能改善当地气候，所以我觉得少几根头发也没啥。"才旦说道。

经过才旦和同事们坚持不懈的努力，一条条绿飘带在玉树舞动，不仅大大提升了当地的水源涵养能力，也给人们带来了惬意的生活环境。

现如今，才旦走在自己家乡的绿水青山之中，十分自豪。身为土生土长的玉树人，他不仅是一名务林人，更是家园的守护者。

这里的人，把每一棵树都视为富有灵魂的生命，灾后的玉树人用生命之力，站立成树。

三江源地区是世界上海拔最高、面积最大的高原湿地，是世界上高海拔生物多样性最集中的地区之一，是我国生态系统最脆弱和最原始的地区之一，也是我国大部分地区的"生命之源"。由于气候的变化与大量人为活动的影响，它曾一度变小。

为了保护环境，加强生态文明建设，使人类文明进一步发展下去，我国坚持山水林田湖草系统治理，实施国家公园体制。三江源国家公园作为我国第一个国家公园体制试点，统筹推进生态工程，节能减排，整治环境，建设美丽城乡，筑牢国家生态安全屏障，已经有近十万人加入三江源保卫行动中，治理成果十分显著。

2013年，三江源地区共增加降水42.91亿立方米，相当于300个西湖的水体容量。到了2018年，三江源地区水资源总量达到501.3亿立方米，干流水质连续多年达到或超过国家《地表水环境质量标准》Ⅱ类标准。如今，放眼望去，三江源地区水草丰美、水泊密布，最大的水面甚至达到了数千平方米。在广袤的三江源地区，有大片的青青草场，牛羊悠然自得，呈现出人与自然的和谐之美。

今天，我们站在牛头碑旁时，才真正感受到，以三江源这个地方为起点，黄河清澈的源头活水连绵不断地向下流淌，奔向中国大地，抚育万物，直至奔腾入海，这是多么难能可贵！或许这就是无数人执着地留在这里、不断坚持穿梭在绿水青山之间的原因吧。三江源之于赵新全，是年轻时奋斗的理想，是年迈时仍记挂心中的梦；三江源之于才旦，是保留儿时记忆的怀念，是对家乡绿水青山的坚守；三江源之于马背巡护队员，是提供生活保障的基础，是朝夕与共的家园。

在共同守护三江源的成千上万人中，有很多人对于自己的保护工作虽然说不出什么大道理，但他们在内心深处都明白，他们所做的事情既关乎山水林田湖草生命共同体，更关乎家，关乎国。走在这山间的草场上，感受到身边每一处明显的变化，他们心中涌出的巨大满足感和自豪感是无以言表的。

让我们共同努力，携手行动，保护生态环境，从自身做起，促进自然资源持久保育和永续利用，实现人与自然生生与共，和谐相处。

第 / 四 / 章

民生福祉

仁者乐山，
智者乐水。

自古以来，中华民族在与大自然搏斗、交融的同时，
也从自然中收获灵感、思辨与喜悦。

　　"环境就是民生，青山就是美丽，蓝天也是幸福"，
生态文明建设归根到底是人民福祉所在。

　　在新时代的今天，保护环境就是维护民生的观念被
越来越多的中国人所接受。为了守住蓝天、碧水、
净土等这最普遍的、大自然赠与人类的福祉，亿万
的中国人正行动起来，积极地参与到这场防治环境
污染的战争中。

叶梓颐摄影作品

叶梓颐摄影作品

大气污染

（京津冀）

世界上有两种东西最能给人的心灵带来深深的震撼，一是我们内心崇高的道德情操，另一个则是我们头顶的灿烂星空。

神秘的星空总是那么浩瀚美丽，而能将这极美的星空用手中的相机记录下来的人非星空摄影师莫属。

作为地球与天空国际摄影大赛一等奖得主、格林尼治天文台年度摄影师大赛中唯一获奖的亚洲女性，叶梓颐是一名90后星空摄影师。作为一名"巡天者"，叶梓颐去过30多个国家，每当人们问起她觉得哪里的星空最美的时候，她常常不正面回答，而是略带怀念地说起她与星空的初遇。

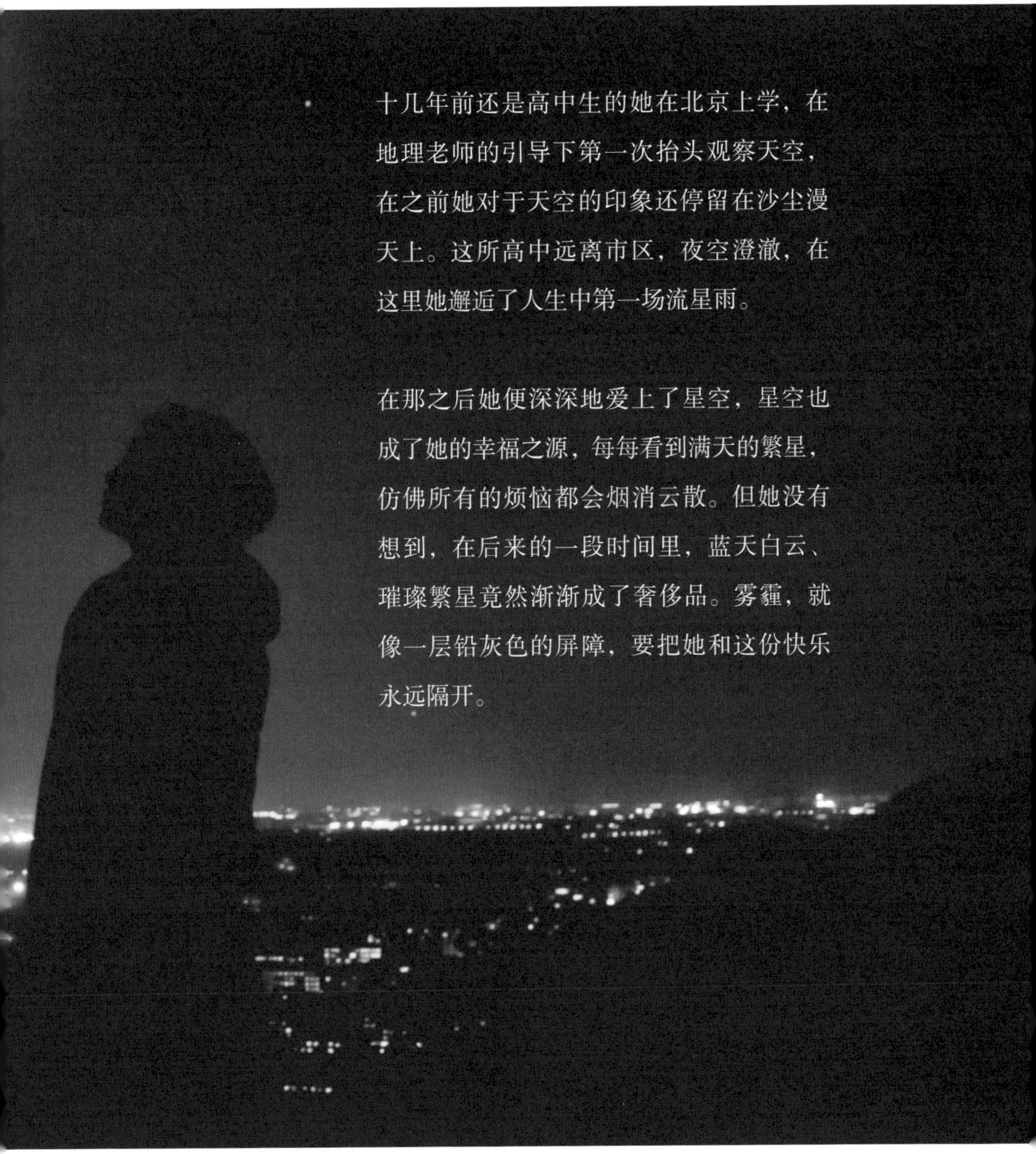

十几年前还是高中生的她在北京上学，在
地理老师的引导下第一次抬头观察天空，
在之前她对于天空的印象还停留在沙尘漫
天上。这所高中远离市区，夜空澄澈，在
这里她邂逅了人生中第一场流星雨。

在那之后她便深深地爱上了星空，星空也
成了她的幸福之源，每每看到满天的繁星，
仿佛所有的烦恼都会烟消云散。但她没有
想到，在后来的一段时间里，蓝天白云、
璀璨繁星竟然渐渐成了奢侈品。雾霾，就
像一层铅灰色的屏障，要把她和这份快乐
永远隔开。

随着社会的不断发展，很多与工业相关的污染物，如直接排放的颗粒物、二氧化硫、氮氧化物、挥发性有机物、氨等相继进入大气，呈现出不同浓度的霾，不但破坏了生态环境，而且危害人的健康。在京津冀地区，或者说东部地区，导致雾霾出现的最主要原因，首先是跟耗煤相关的工业，比如发电厂等，其次就是汽车排放的尾气等。

解决大气污染这一人民所想、所盼、所急的问题，是党和国家的使命所在。党的十八大以来，党中央、国务院对生态文明建设和生态环境保护作出了一系列重要举措。2013 年 9 月，国务院印发并实施了《大气污染防治行动计划》。2018 年 6 月，国务院又印发了《打赢蓝天保卫战三年行动计划》。在这场消灭大气污染的决战中，推进达标排放，实施火电、钢铁等重点行业超低排放改造是重中之重。

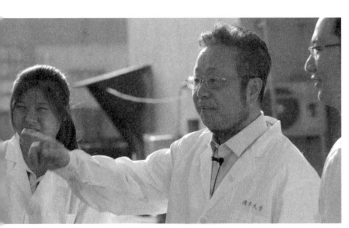

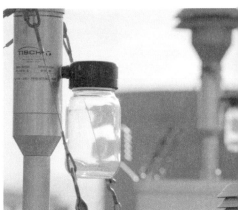

作为清华大学环境学院院长、中国工程院院士、2016—2017绿色中国年度人物的贺克斌教授指出，虽然我们现在的技术手段有所提高，但并不能百分之百地包治百病，还是要加强人民监督。同时从自身做起，养成节能减排，少开车、少用电，多注意关灯这些习惯。

坐落于河北省三河市燕郊经济技术开发区的国华三河电厂以煤炭为主要能源，但是为了响应国家号召，节能减排，电厂内早已装上了环保装置，将烟尘里的污染物控制下来，冒出的白烟里面全是水蒸气，基本上不会造成大气污染。为了让周边的百姓把心彻彻底底放到肚子里，展示电厂清洁环保的良好形象，国华三河电厂主动开展了"走进电厂看环保"活动。

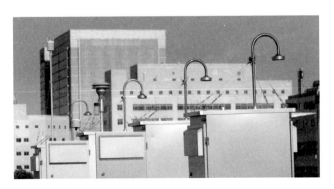

2019 年 8 月，国华三河电厂的生产技术部经理卢权给前来参加"走进电厂看环保"活动的人们进行讲解，详细介绍了国华三河电厂环保改造的过程。

原来，2011 年，国家环境保护部（2018 年 3 月改为生态环境部）就发布了修订的《火电厂大气污染物排放标准》，这一标准远高于欧盟、美国和日本的相关标准。2014 年，国家又出重拳，要求中东部地区燃煤发电机组大气污染物接近或达到燃气机组排放限值。在达标排放政策和央企责任的激励下，经过 3 年的改造，2015 年，国华三河电厂成了京津冀地区第一家实现全厂"近零排放"的燃煤发电厂，其部分机组烟尘排放浓度甚至低于国家标准的十分之一，欧美标准的几十分之一！

参加了"走进电厂看环保"活动的人们纷纷表示，通过参观，心里放心多了。国华三河电厂的各种指标都达到了国家规定的标准，这就是环保的一大进步。

为了万千百姓的生存福祉，我国成了世界上第一个大规模开展 PM2.5 治理的发展中大国。但是，要真正让繁星璀璨，蓝天永驻，还少不了非常重要的一点，那就是人民群众的参与。

距离三河电厂 400 多公里的河北省邯郸市，正在举办一场轰轰烈烈的环保宣传活动。这场活动的名字叫作"五公里内不开车"，它的发起人孔媛媛，是河北省规模最大的民间环保组织之一——邯郸市橄榄绿青年公益服务联盟——的领头人，她也是 2019 年生态环境部评选出的"百名最美生态环保志愿者"之一。

孔媛媛风风火火的性格和充沛的精力给人们留下了深刻的印象。她的志愿者之路一走就是近 30 年。

有几年，孔媛媛的家乡邯郸遭受着严重的大气污染。她意识到，要想解决河北乃至全国的污染，必须从每个人自身做起。

当了解到汽车尾气是重要的大气污染源后，2013 年秋开始，孔媛媛带头发起了一场名为"全民减霾，五公里内不开车"的活动，并持续至今。她希望能尽绵薄之力，为自己所在的城市减少大气污染、减霾。她带着志愿者们走上邯郸的街头，宣传倡导五公里内不开车，短短两天已经有 3000 名驾驶员在倡议书上签字。其中一天，另有 50 多名群众当场签下了"五公里内不开车"的承诺书。

"我 2010 年的时候在可可西里参加过一次活动，那里真的是蓝天白云，空气也特别清新，我当时就想，什么时候邯郸也可以像这样，人们享受真正的蓝天，可以大口地呼吸。"想起举办这场活动的初衷，孔媛媛如是说。

从 2013 年到 2019 年，整整 6 年，已有 7 万多名私家车主签下了庄严的承诺。虽然我们无法统计这究竟减少了多少污染物，但可以看到，在党和政府以及千万个孔媛媛这样的民众的共同努力下，蓝天白云的日子正在逐年增加，越来越多的笑容挂在中国人的脸上。

后来的大气数据让人振奋不已。据统计，与 2013 年相比，2018 年，全国 74 个重点城市重污染天数减少了 50% 以上，长三角、珠三角的 PM2.5 平均浓度分别下降了 39% 和 32%，而京津冀地区的降幅达到了惊人的 48%！

随着雾霾天越来越少，繁星闪烁的日子越来越多，仰望星空已经不再是生活中可遇不可求的惊喜了。为了鼓励更多的人支持环保，造福民生，2019年3月，星空摄影师叶梓颐在微博上发起了一项活动，号召全国网友拍下头顶的那片星空，秀出家乡的美丽。纷至沓来的照片中各种美丽的星空夜景让她由衷感叹，星空果然是大自然的馈赠，生态文明建设果真是人民福祉所在。在全社会的共同协作之下，蓝天保卫战已经初见成效。

水污染

（天津）

万物由水而生，每一滴水都与生命相连接，水利万物而不争，但水资源却面临着前所未有的危机，这个人类失之难存的资源，关系着亿万百姓最基本的生存福祉，又该如何保护呢？

九河下梢的天津刘庄桥一带有一群摄影大军。

作为鸟类摄影大军中的一员，谢鸿泽是一名普普通通的天津市民，摄影是他多年来的爱好。几年前，就在海河岸边，他被一群美丽的生灵——红嘴鸥——征服了，体验到美好自然环境带来的愉悦，自此谢鸿泽就成了红嘴鸥的忠实"粉丝"。2016年，在海河边的一座小码头，他拍摄了作品《海河鸥影》。作品随后获得了"中塘杯天津鸟类全国摄影大赛"优秀奖，这让他十分高兴。

看着红嘴鸥在刘庄桥下嬉戏、玩耍、栖息，谢鸿泽脸上不由自主地露出笑容。作为土生土长的天津人，他见证了海河的"兴衰荣辱"，深知如果海河水质没有变好，天津水环境没有改善，那么也不会有水鸟的繁盛，他也不会拍摄出这么好的作品。

 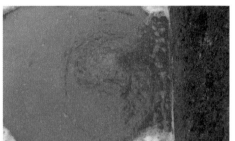

曾几何时，水污染严重困扰着我国民众。2011年，全国丧失使用功能的重度污染水体比例高达13.7%。而被称为天津母亲河的海河尤甚，其丧失使用功能水体比例一度超过40%。曾经美丽的海河一到夏天就散发着阵阵臭味，严重危害了百姓的生活。

党的十八大以来，国家将水环境保护作为生态文明建设的重要内容，并做出很多重大举措。尤其是2015年4月，国务院发布并实施了《水污染防治行动计划》。2016年，中央办公厅、国务院办公厅又出台了《关于全面推行河长制的意见》。完善的制度与措施为战胜水污染提供了有力的保障。

随着河长制管理模式的逐渐落实，建立和完善河道水生态环境管理长效机制势在必行。省、市、县、乡四级党政主要负责人担任起各级河长，负责组织领导相应河湖的管理和保护工作，大大提高了河湖治理的执行力和工作效率。

天津和平区小白楼街道的党工委书记郝春明在水污染防治行动开始后就多了一个身份，那就是街道级河长。她每周要做的工作就是巡河。在河边的相应位置都设置了公示牌，所有的市级、区级、街级的总河长姓名、电话都会在上面公示，如果居民发现什么问题，可以及时与他们进行沟通，他们会在第一时间进行处置。

从《水污染防治行动计划》到河长制，党和政府起到了统领全局的作用。与此同时，社会各界的共策共力也必不可少。其中，民众的参与尤为引人注目。

2019 年 8 月中旬，天津市和平区万全小学 5 层的美术教室里格外热闹。虽然天津刚刚与一场台风擦身而过，但并没能阻止一群可爱的孩子聚集到这里。在这里正在进行着一场有意思的环保活动。

与孩子们互动的中年男子名叫安旭，他曾是天津小有名气的饭店老板，后来成为一名环保志愿者，并成立了一家名叫绿邻居的民间公益组织。不久前，他刚刚被生态环境部评选为"百名最美生态环保志愿者"之一。

谈起走上环保志愿者之路的原因，安旭说，他在 2000 年左右的时候经常去山里，忽然间就发现山里的垃圾太多了，而身边的母亲河的河水也看不出颜色，又脏又臭。看着周围的环境变成这个样子，作为土生土长的天津人，心里一下子特别不是滋味，于是他就下定决心要当一名环保志愿者，呼吁大家一起注重环保，增强环保意识。

安旭和孩子们一起进行的环保活动中，"画出心中的绿地图"的主题是"我最爱的海河"，孩子们拿起画笔，用自己的双手绘制了一幅幅自己心目中的海河。

"这里就是桥，海河有很多很多的桥。还有海鸥来海河，因为海河的水很清，很干净。"

"这是我们美丽的海河，老师您看，这是天津之眼，这是河上的小船，这个小船坐的是我和哪吒，这个是我，这个是哪吒，我们俩负责管理水面上的垃圾。我的梦想就是可以在海河里组织一个花样游泳大赛。"

活动在童言童语中接近尾声。五彩斑斓的图画透露出美好的生态环境带给孩子们的满满幸福感，也在潜移默化中，将环保意识植入他们的脑海。而这样的快乐与收获不仅仅被孩子们所独享。

在天津市区的街上有这样一支队伍，每当他们集体出行，总会引来超高的回头率。人们曾误以为他们是一群酷爱时尚的小伙子，可实际上，这支队伍的平均年龄超过60岁，其中最大的已经84岁高龄了，这支队伍属于一个名叫"骑游天下"的俱乐部。自从偶然与安旭认识之后，他们就自发地加入了环保行动中，担负一项特殊的任务。

2016年10月，天津市政府向社会公布了建成区25个黑臭水体名单，并承诺于2017年年底前完成对它们的改造。出于对政府的支持和监督，安旭联系了骑行俱乐部，希望他们在骑行路上定点获取水样，交给有关部门检测。队员们毫不犹豫地答应了。后来，天津市政府的承诺得以兑现，但队员们的环保行动却并没有因此停下来。

骑行俱乐部的一位大爷表示，这个环保活动既有意义又十分有趣，他们打算一直做下去。

随着《水污染防治行动计划》等政策的实施以及百姓的群策群力、群防群治，全国地表水国控断面水质优良水体比例从 2011 年的 61% 上升到 2018 年的 71%，丧失使用功能水体比例从 2011 年的 13.7% 降低到了 2018 年的 6.7%，水质稳步改善。

相应的，天津的进步也十分抢眼。仅从 2017 年到 2018 年，其丧失使用功能水体比例就下降了 15 个百分点，水环境质量达到近年来最好水平。百姓们曾经失去的福祉，正在一点一滴地得以恢复。随着水质的改善，不仅候鸟们纷纷选择留在天津过冬，繁育后代，天津本地鸟类也日渐兴盛。

现如今，天津已经成为鸟类摄影爱好者的聚集地，他们相聚于此，共同享受这美好生态环境带给他们的无限喜悦。

垃圾分类

（北京）

仰望蓝天，远眺碧水。现在，让我们把目光转向自己的脚下，关注另一个关系亿万百姓福祉的重要生态资源——土壤。

1 厘米厚的土壤要 1000 年才能形成，土壤中蕴含着全球四分之一的生物多样性，是粮食、饲料、燃料和纤维生产的根基。土壤不仅能为生态系统和人类提供多种服务，更能帮助抵御和适应气候变化。然而，可能是过于习惯它的付出，人类对土壤的保护忽略已久。据联合国 2015 年发布的《世界土壤资源状况》，土壤正面临严重威胁。

近年来，我国的土壤污染状况也不容乐观。一些地区的土壤存在着严重的重金属污染问题，甚至有些土壤基本丧失了生产力。

造成我国土壤污染的原因很多，其中最为特别的一个原因是——垃圾。

2017 年，全国 200 多个大中城市产生约 2 亿吨生活垃圾。在北京，一年产生的生活垃圾足以装满两个半故宫。曾几何时，源源不绝的垃圾或被乱堆乱放，或被草草掩埋，形成垃圾围城之势。其腐烂后产生的酸碱污染物及本身含有的大量重金属对土壤造成了严重污染，成为多少城市乡村的民生之患、民生之痛！

那么面对堆积成山的垃圾，我们该如何处理解决呢？北京市垃圾分类专班专家组组长、北京市人民政府参事王维平对垃圾问题有自己的见解。他认为要解决垃圾问题，除了焚烧发电等手段，更重要的是实现垃圾的减量化、资源化、无害化。而完成这些任务的基础，是垃圾分类。

2019 年，习近平总书记强调："实行垃圾分类，关系广大人民群众生活环境，关系节约使用资源，也是社会文明水平的一个重要体现。"

实际上，为响应号召，2019 年，北京市已经建立起垃圾分别处理设施和回收利用的产业体系。

每天早上八点，十几辆满载垃圾的车会陆续开到这里——位于北京顺义区的北京顺政餐厨生物科技有限公司。完全密闭的货厢盛满了来自上千家餐厅的剩饭剩菜，这些剩饭剩菜有个学名，叫作餐厨垃圾。

以前，餐厨垃圾只能和其他垃圾混在一起，被填埋或烧掉，威胁着土壤和空气的洁净。而现在，经过垃圾分类之后，它们被用专门的垃圾车运送到这里，并最终在这些庞大的立方体中，化腐朽为神奇。

李存存是北京顺政餐厨生物科技有限公司的运营管理部部长，他最关心的就是即将诞生的产品的品质是否优异。

餐厨垃圾经过 10 个小时的高温好氧发酵，产生了一些木屑般的物质，它没有任何气味，并且在手中滑落的时候十分顺畅，这就是土壤调节剂。

检查过后，产品的质量十分令人满意，李存存也松了一口气。

把厨余垃圾、餐厨垃圾转化成有机肥，或者制成土壤营养剂，然后运到库布奇沙漠、浑善达克沙漠等地方，可以帮助生态的修复、促进植被的生长。现如今，这种分类处理垃圾的设施已经遍布全国。

2025 年年底之前，全国地级及以上城市将基本建成垃圾分类处理系统。那么，我国的垃圾分类之路是否已是一片坦途呢？

这个暂时未知。但垃圾分类是社会问题，需要全社会人员通力合作，需要政府、企业、公众和社会组织的通力合作，我们还要更加努力。每个人都是生态环境的保护者、建设者、受益者，没有谁是旁观者、局外人、批评家。因此，要做好垃圾分类，必须让更多人行动起来。

从 2018 年夏天开始，每天早上 7 点多，北京花市街道忠实里南街 1 号楼的大门口，总有一个身影在垃圾桶前忙碌着。她就是忠实里南街 1 号楼的居民封云英，她是一名小有名气的垃圾分类志愿者。

50 多岁的封云英作为一名志愿者，从没拿过一分钱，却尽职尽责地进行着垃圾分类的宣传工作。回忆起垃圾分类宣传工作初期进展的艰难，封云英有些难过。然而面对种种不理解，她还是坚持了下来。在她的感召下，越来越多的民众参与了进来。

垃圾分类靠自觉
有人没人都一样
利国利民利自己
垃圾分类我能行

2018 年 6 月，一支有着 30 多名成员、平均年龄 60 岁的志愿者队伍成立了。队伍的名字是他们自己起的——忠实守望队。从此，垃圾分类从"独角戏"变成了"大合唱"。

随着队伍的不断扩大，暑假时，一些孩子也会参与进来。封云英常带着孩子们为居民进行垃圾分类的入户宣传工作。看着孩子们你一言他一语地为居民们介绍垃圾分类的标准，封云英脸上不禁露出慈祥的笑容。通过这种方式，可以将垃圾分类的意识早早地灌输进孩子们的头脑中，让他们从小就养成垃圾分类的好习惯，树立起保护环境的意识。

2018 年 12 月，封云英被评为北京市生活垃圾分类达人。在她的带领下，小区垃圾分类的工作进展得越发顺利。

从 2019 年起，全国地级及以上城市全面启动了生活垃圾分类工作。今后，垃圾的减量化、资源化、无害化会日益精进，我国土壤污染的压力必将进一步减轻。

良好的生态环境是中国人日益增长的美好生活需要之一，也是中国人最普惠的民生福祉。

如今，为了人民的幸福，蓝天、碧水、净土三大保卫战战事正酣。

党和政府生态惠民、生态利民、生态为民的政策、措施正在一步步完善，要求在 2035 年，生态环境质量实现根本好转，美丽中国目标基本实现。到 21 世纪中叶，生态文明全面提升，实现生态环境领域国家治理体系和治理能力现代化，不断提高人民群众的幸福感和满足感。

而百姓们在成为美好生态环境受益者的同时，也纷纷扮演起生态环境保护者、建设者的角色，从自身做起，爱护生态环境。

相信在不久的将来，这场污染防治攻坚的人民战争，必将走向新的胜利。

第 / 五 / 章

因法之名

古人云："以道为常，以法为本。"

山川之美，古来共谈，解决环境问题，必须依靠法治。

中国很早就将自然生态的观念上升为国家管理制度，设有专门负责环保工作的"虞衡"部门，并配有相关的制度和法令，这个环保部门在历史上持续了近三千年，足见其重要性！

即便时越千年，在人和自然这个永恒的话题里，法治从未缺席。在环境问题日益严峻的今天，如何以法之名去捍卫人类生存的思考已迫在眉睫，也是拷问着每一个公民的现实问题。

Heroes of the Environment

Wang Canfa

By AUSTIN RAMZY
Wednesday, Oct. 17, 2007

Since China passed its first
environmental-protection law in
1979, it has produced an extensive
body of regulations to protect its
air and water and the health of its
people.

环保英雄王灿发

奥斯汀·拉姆齐 / 文

2007 年 10 月 17 日　星期三

自从中国于 1979 年通过第一
部关于环境保护的法律，随
后又制定发布了一系列改善
空气和水质量、保护人民健
康的法规。

王灿发篇

此时此刻，我们抬起头仰望天空、欣赏蓝天白云时，不禁感慨大自然的美丽，想起几年前灰蒙蒙的天空仍心有余悸。2013 年 1 月，雾霾笼罩了大半个中国，周围的一切都变得灰蒙蒙的。当时有数据显示，北京、河北、山东等多地空气严重污染，大气环境急需治理。

中国政法大学王灿发教授看到此情此景极为痛心，因为他多年来一直在为修改《大气污染防治法》而到处奔走呼吁。他是专门替地球说话的人，曾被《时代》周刊评选为全球"环保英雄"之一。周刊上附了一张十分生动有趣的肖像画，画面中王灿发圆圆的脸上挂着两撇浓重的八字眉，正鼓足一口气，努力吹走烟囱中冒出的浓烟。事实上王灿发确实是在努力"吹"走污染，不过不是靠肺活量，而靠推动我国环境法建设。

1995 年，王灿发在《中国环境报》上看到一则新闻：江苏邳州的一个养鸭大王，因为附近工厂排放污水，4000 只鸭子 10 天之内全死光，这让一个靠此为生的农民由一个富户转眼之间变成了一个穷光蛋。因为贫穷，他甚至连官司都打不起。

看到这样的事情发生，王灿发觉得他不能坐视不理，于是他当即给当地的环保局写信，自愿去帮那位农民打官司，不仅不收取任何诉讼费用，就连去江苏的路费都由自己承担。在当时，穷农民请来了"中央的大律师"的事情一出，在当地引起了不小的轰动。经过几番交涉审理，这个案子最终胜诉了，受害者得到了 40 万元的赔款。

经过这件事，王灿发越发坚定了要建立一个帮助中心的念头，他想要专门为求助无门的百姓打官司讨公道，唤醒企业的良知和公众的环境意识。抱着这样的信念，1998年10月，"污染受害者法律帮助中心"成立了，这是国内第一家专为污染受害者提供帮助的法律援助中心，援助中心开通了免费的法律咨询热线。

王灿发开通免费的法律咨询热线主要目的是为老百姓解答问题，诸如：受了污染危害以后，要找谁才能解决问题；有什么法律作根据可以维护受害者的权利。这些都是老百姓最为关心却又不知道怎么解决的问题。20多年来，援助中心处理了800多个司法案件、900多封来信、15000多通热线电话，受益者达数万人，援助中心走廊的墙上挂满了受助者送来的锦旗。王灿发见证了我国环境的日益改善，更见证了我国环境法治的不断向前。

在过去几年中，环境污染事件频发。

2014 年，腾格里沙漠污染事件震惊全国，有当地企业向沙漠腹地排污，黄沙中流淌着墨汁色的液体和暗色的泥浆，上空还飘着白色烟雾，景象触目惊心！2017 年 8 月，被告的 8 家污染企业承担 5.69 亿元赔偿金，用于修复污染土壤，并承担环境损失公益金600 万元。

甘肃祁连山国家级自然保护区局部生态遭到严重的人为破坏，违规开采、偷排偷放、整改不力等问题十分严重。2017 年 1 月至 10 月，甘肃省检察机关共批准逮捕涉及祁连山破坏环境资源犯罪案件 16人，建议行政执法机关移送破坏环境资源犯罪案件23 件，监督公安机关立案侦查破坏环境资源犯罪案件 14 件。

类似这种的环境污染案件不可小视，有些人只顾眼前的蝇头小利而忽视了更长远的发展，造成环境的严重破坏，实在是得不偿失。

近几年，人民法院在环境资源审判过程中发布了一系列如腾格里沙漠民事公益诉讼案、江苏泰州的水污染公益诉讼案、北京毒跑道公益诉讼案等典型案例，这些典型案例的发布在一定程度上推动了环境法制的完善和进步。

随着环境法制的完善，今天的祁连山群岭巍峨、绿意融融、流水潺潺，正在一步一步地恢复活力，腾格里沙漠的土壤也在逐步修复中。

王灿发不仅是司法的实践者，更是立法的参与者，多年来，法律援助中心接到的上千个污染案件，为他在立法中提供了贴近现实的参考依据。他参与了近二十年来我国大多数环境法律、法规的起草。在他的大力主张下，2014 年，"环境优先原则"被写入《北京市大气污染防治条例》。2018 年最新修订的《大气污染防治法》出台，我们的蓝天又多了一层坚固的防护罩。

王灿发只是我国千千万万个环境立法推进者之一。正是因为有无数个像王灿发这样为立法不停奔走呼吁的环保卫士，我国环境法治的"利齿"才更加锋锐。

党的十八大以来，坚持用最严格制度、最严密法治来保护生态环境，高质量立法、立改废并举，生态环境法治体系得到了不断完善。中央先后制定修订了《环境保护法》《大气污染防治法》《水污染防治法》《固体废物污染环境防治法》等9部生态环境法律和20余部行政法规。特别是2014年修订的新《环境保护法》，被称为"史上最严的环保法"，自2015年开始实施后，在打击环境违法行为方面取得了显著的效果，极大推进了我国的生态文明建设。

王灿发办公室的书柜里堆满了奖杯和荣誉证书，其中一个奖杯的造型十分独特，奖杯的上方是一块硅化木，是地球上亿年前的树木演变而成的化石，这就是王灿发被授予国家级荣誉"2005绿色中国年度人物"的奖杯。这个奖杯时刻提醒王灿发，更提醒我们每个人，守护自然的永恒之美，守护我们的绿水青山！

或许曾经的雾霾刺痛了全社会的神经，随着环境治理的不断加强，现如今我们的天空蓝天白云，晴空万里。据国家生态环境部数据显示，2019 年，全国 338 个地级及以上城市优良天数比例同比上升，且 PM2.5 浓度下降超过 8%。立善法于天下，则天下治，立善法于一国，则一国治。随着社会发展，我国环保立法仍然要针对层出不穷的新问题去不断完善，像王灿发这样的环保立法者在维护正义、坚持为百姓发声的路上，仍然任重道远。我们更要从自身做起，坚决维护和遵守环境保护的法律法规，做环保立法的守护者、支持者。

陈奔
温岭市环境监察大队副大队长兼大溪中队中队长

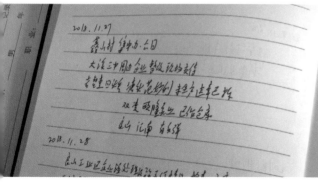

陈奔篇

法令行则国治，法令弛则国乱，法律的生命力在于执行。除了像王灿发这样的为环保立法积极奔走呼吁的推进者，还有一大批"环保铁军"正在用生命默默守护着当地的绿水青山。

在万籁俱寂的深夜，距离北京 1000 多公里的浙江省温岭市，有一群人正在黑夜里奋战着。

2018 年 11 月， 温岭市环境监察大队大溪环保中队中队长陈奔连续接到群众举报，有人深夜向他所管辖的大溪工业园区倾倒固体废物垃圾。经过多次现场勘查，固体废物达 30 余吨，废电容、线路板等危险废物与温岭市其他地方出现的非法倾倒危险废弃物相同，很快陈奔和同事意识到，这很可能是一起环境污染的"串案窝案"。

2018 年 12 月 1 日，这是一个周六，原本是非工作日，但因为案件犯罪嫌疑人有了突破性线索，早上 7 点多，陈奔对妻子说了一句"今天还要加班"，然后就匆匆出门了。谁也不会想到，这竟然是他此生对妻子说的最后一句话。

傍晚时分，他们好不容易锁定了嫌疑人员的车辆，进行持续跟踪。待到高速路口红灯时，陈奔和他的队员将嫌疑人的车子拦下，准备进行调查，却不承想对方不但不予理睬，还突然疯狂地猛踩油门，将陈奔撞上了引擎盖，之后拖行逃逸。在这种危急情况下，执法的工作人员立刻开车去追，但追了几个街区后，嫌疑车辆逃走了，陈奔也不见踪影。

当务之急是先找到陈奔。正在所有人都非常着急地寻找时，噩耗传来了。在寻找的过程中，队员颜卫国看到路边的交警正在处理事故，地上躺着一个人，面目全非，浑身是血，而在不远处的地上静静地躺着一本带血的执法证件，那人正是消失不见的陈奔。

那一天距离陈奔的 30 岁生日只差 6 天。根据后来的道路监控视频显示，陈奔被拖行了整整 91 秒，距离达 2.1 公里。在这黑暗的 91 秒中，陈奔经历了怎样的痛苦实在让人难以想象。而在他出事的那一刻，距离案发现场 11 公里，陈奔的妻子还在等他回家吃饭。

只是一眨眼的时间便天人永隔，陈奔的同事们揪心悲痛，陈奔的母亲更是在得知儿子牺牲后，因为无法承受巨大的精神打击而住进了医院。

回想起陈奔的样子，颜卫国眼中满是悲伤和怀念："陈奔平时很爱笑，非常正直，工作的时候很严肃。有时候他爱较真，敢于碰硬。我们大家都对他非常服气。"

陈奔在同事间有个绰号，叫环境监察"百事通"，这不只是因为陈奔对环保法律烂熟于心，也是因为他用自己的脚在辖区画出了一张环境监管的地图，因此在陈奔的工作照片中，他的身影大多是趴着、蹲着、弓着身子专注地取证采样、勘察现场，很少能够见到一张正脸的日常工作照。工作时陈奔是个"拼命三郎"，每次都是冒着生命危险冲在第一线。

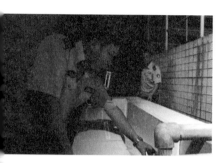

与大多数人印象中的执法工作不同，环境执法是一种行政执法，它是行政机关依法加强环境保护和监管的重要方式，职责包括现场监督检查、查处环境违法行为、应急处理生态破坏事故和突发环境污染事件等。环境执法最主要目的是确保各项环保法规得以遵守，并对违法者给予必要的纠正和惩罚。

但是在实际环境执法的过程中，经常会遇到不配合调查的企业，不开门，甚至放狗都是小事，更严重的还会恐吓威胁执法人员。

在很多人眼中，环境执法和企业发展似乎站在天然的"对立面"，但在陈奔的眼中却并非如此，他全心全意将企业当作自己的服务对象，更多的时候，他是站在企业持续发展的角度去帮助他们。

大溪镇企业主童佳就是在这个过程中与陈奔认识的。
2015 年因为环境整治，童佳的企业被罚款 5 万元，
刚开始他很不服气，对看起来年纪轻轻的陈奔的话
并不重视，因此并没有去办理开工厂的一些相关手
续，也没有关厂停工。

陈奔第二次来到童佳的工厂进行检查时，发现童佳
并没有关厂停工，便依法强令其禁止作业。在童佳
的印象里，陈奔做事非常严格，要求就是要求，不
达标准绝不容情。但严格执法的背后，他更是一个
有温度的服务者，面对很多企业主并不熟悉与环保
相关的法律法规，他会拿着厚厚的《环境保护执法
手册》为他们讲解，有不懂的审批手续，第一步从
哪里开始，怎么办理，陈奔都会一一细致地为他们
解释清楚。

后来，在陈奔的细心指导下，童佳的企业全部整改
好了。在得知陈奔出事的那天傍晚，童佳只觉得五
雷轰顶，那通没有接通的电话永远也不会再有人接
起了，他倍感痛心的同时，心中暗暗发誓，以后在
办厂的过程中一定会严格遵守环保的法律法规，自
觉保护环境、减少污染。

案发当天 20 点左右，嫌疑人王某某投案自首。根据线索，温岭警方将另一名同车的犯罪嫌疑人江某某抓获，等待他们的将是法律的制裁。

在执法一线工作的这五年中，陈奔组织和参与环境执法行动 2000 多次，执法里程近 10 万公里，查处环境违法案件近 200 起，调处环境信访 1505 件，移送行政拘留、刑事拘留涉案人数 78 人。这位工作兢兢业业、永远冲在执法一线的年轻人，直到自己生命的最后一刻，都在守护着我们的绿水青山。

陈奔只是千千万万个环保铁军中的一员，根据国家生态环境部 2019 年 4 月公布的数据，近一年来，生态环境部统筹调度全国生态环境系统力量 1.95 万人次，现场检查各类点位 66.6 万次，帮助地方查找并移交 5.2 万个生态环境问题。2019 年上半年，全国共查处五类案件 1.08 万件，其中，按日连续处罚案件 150 件，罚款金额 1.94 亿元；查封、扣押案件 6841 件；限产、停产案件 1214 件；移送行政拘留案件 1998 起；移送涉嫌环境污染犯罪案件 663 件。

言出为箭，执法如山！陈奔的牺牲并没有让环保铁军却步，相反，他们更加坚定了脚下的步伐，带着战友的信念，朝着最苦最累的一线执法现场奔去。

罗光黔篇

罗光黔是我国首个环境法庭——贵州清镇市人民法院环境保护法庭（2017年8月更名为环境资源审判庭）——的庭长，从2007年环保法庭建立之初，罗光黔就在这里工作，他见证了环保法庭的诞生和成长。说起清镇环保法庭建立的原因，就不得不提起清镇环保法庭成立后审理的第一宗案——天峰案。

20世纪90年代，贵州天峰化工有限责任公司在红枫湖保护区范围内堆放了上百万吨的磷石膏废渣。废渣场渗滤液通过地表、地下排入红枫湖的上游羊昌河，水中的微生物吸收了含磷的物质开始疯狂生长，形成大量的蓝藻，最终导致作为贵阳市民的"大水缸"的红枫湖水质受到严重污染，使得贵阳市几百万市民的饮水安全受到极大的威胁。保护市民饮用水安全刻不容缓，在政府的大力推动下，我国首个环保法庭应运而生！

清镇环保法庭因水而建，就建在红枫湖景区内，为的是对污染企业起到强大震慑作用。

整个环保法庭从提议到最后成立，选择办公地点，配备人员，总共用了短短的几十天。整个法庭建立后就开始办公。为了不让"水缸"变成"染缸"，刚成立一个月的清镇环保法庭，便将"第一把火"烧向了红枫湖上游的重点排污企业——贵州天峰化工有限责任公司。

在这之前，因为贵州天峰化工有限责任公司位于安顺市境内，贵阳对它"鞭长莫及"，但现在环保法庭跨区域办案的方式恰恰可以解决这个难题。2007年12月，贵阳市两湖一库管理局代表受侵害民众提起了公益诉讼，在各方不断的努力下，最终贵州天峰化工有限责任公司主动全面关停生产线，红枫湖的污染源头彻底清除。

曾经的红枫湖将军湾受到蓝藻侵袭十分严重，整个
湖面几乎被蓝藻全部覆盖，可见污染的严重性，而
今天的将军湾湖波涟涟、风景旖旎，丝毫看不出当
时被污染的痕迹。现如今红枫湖的水质已达到国家
饮用水水源标准，曾经堆放磷石膏废渣的地方如今
也已经恢复了绿色生机。

在这起环保案件中做审判法官的罗光黔，回忆起当初自己被从贵阳市中级人民法院调来这里工作的时候，心中还曾经打过退堂鼓，毕竟待遇低，工作的地点又在郊区，条件实在和之前相差太多。然而这种心理没持续多久，他就喜欢上了现在这份工作。毕竟他们自己也要喝干净的水、吃安全的食物、呼吸清洁的空气，维护生态环境健康关乎自己的家人和整个社会，这份工作带给罗光黔的是前所未有的成就感和使命感。

说起法庭成立之初的那段时光，罗光黔充满了自豪。当时时间紧，任务急，在编的工作人员只有4个人，每个人时常忙得脚不沾地。因为法庭的特殊性，从立案、审判，直到案子的最后执行，都是由法庭的工作人员完成的，尤其环境案件一般会涉及环境的治理和修复，会有一个比较长的过程，在这段时间里，法院会做持续的跟踪。

十几年来，罗光黔和他的同事们也在边办案边研究
环境问题，他们通过一个一个的判例，探索环境司
法专门化的新路径，如今，他们每个人不仅是法庭
法官，还都成了环境专家。

罗光黔说："环境案件的目的是要解决问题，必然
要依据一定的方案，在审判的过程中若是不能加以
明确，那么执行过程中就没有依据。罚款和关停企
业不是司法追求的目的，通过司法手段，切实解决
环境问题，实实在在为环境保护出力，才是环保法
庭的意义所在。"

如果将一宗环境污染案交由常规的地方法院去审理，
过去法院可能会给出判处罚金、关停企业等措施，
但环保法庭会寻求环境专家的协助，提出真正可执
行的科学方案，以达到恢复生态环境的效果。比如
对砍伐树木的人，相对应地判他去补种树木；破坏
渔业的人，相对应地判他去放养鱼苗等。

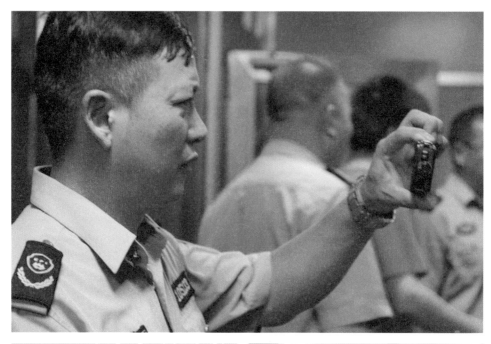

现如今，中国政法大学的王灿发教授每天依然奋斗在为环境受害者维权的第一线上，每天为数不清的百姓免费解答法律咨询的难题，为环境污染受害者指明维权方向，和环境立法相关的会议他也从不缺席，努力为环境立法过程提供更多贴近现实且具有参考价值的案例。他希望能够呼吁更多的人参与立法，在全国人大的官网上多多浏览注意每次制定法律法规的草案，畅所欲言，留下自己的意见和建议。

因为人手不足、担子重、工作量大，陈奔离世后，队友们仍然经常加班，常常是还没等他们把办公室的凳子坐热乎，就要立刻出发赶往下一个执法现场。他们把悲痛化为前行的力量，带着陈奔的那份信念一起努力奋斗在环境保护监管的现场，奔赴最苦最累的执法一线。2019 年 8 月，超强的台风登陆温岭，他们在狂风暴雨中坚守着自己的岗位，毫不松懈，倾尽全力协助企业科学地排放污染物。正是因为他们拼尽全力的守护，在此次台风过程中，温岭没有出现任何重大污染事故，更没有一人伤亡。

清镇环保法庭试点成功后，更多的环保法庭和环保审判庭在全国如雨后春笋般不断涌现。截至 2019 年 6 月，全国共有环境资源审判机构 1201 个，其中环境资源审判庭 352 个，合议庭 779 个，巡回法庭 70 个。

2019 年 6 月 28 日，江苏省南京环境资源法庭正式挂牌办公，这是新型的环保法庭，它提出了一种针对全省范围的"9+1"模式。

"9+1"模式根据生态自然功能区的水域和区域的自然生态区划，将江苏省划为九大生态功能区，并在江苏省内部设置九个环境资源法庭，在南京市中级人民法院设立一个环境资源审判庭，是一个有初审和上诉审两个审结层次的专门化审判体系。

从罗光黔亲身经历的首个环境资源法庭的诞生，到 2019 年挂牌成立的江苏省南京环境资源法庭，12 年的时间，从小小的基层法庭，发展到专门化的环境资源审判体系，我国的环保司法领域正在迈上一个新台阶，努力让每一个公民在司法中感受到公平正义。

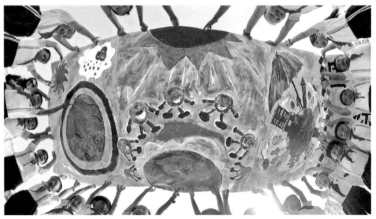

贵州省贵阳市的红枫湖景区一年四季风景如画，绿荫环绕之处，清镇环境资源审判庭就在其中。清镇环境资源审判庭的庭长罗光黔已经在这里工作10多年了。

罗光黔和他的同事们在办案的过程中积累经验，不断钻研、不断探索着环境问题的各种变化，一直致力于在解决环境污染案件的同时，为环境的治理和修复提出新的解决方案，让群众喝干净的水、吃安全的食物、呼吸清新的空气，推动生态环境健康发展。由于工作需要，在未来罗光黔很有可能被调到其他法庭工作，但是他说，无论未来去到哪里，他都会一直关注中国的环保司法进程，他的心已经和环保紧紧系在一起，他会倾其所能地为环境保护贡献自己的一份力量。

。

在我国环境法治的不断建设和推进过程中，离不开像王灿发教授这样在各自领域发光发热的人，也离不开身处各行各业平凡的普通人，"绿色消费""低碳生活""环境知情、参与、表达、监督"这些绿色环保的理念在逐渐融入我们的生活，我们每个人都应从自身做起、从身边事做起，自觉地养成绿色生活、低碳环保的行为习惯，每个人都可以成为环保卫士，共同捍卫我们的绿水青山，捍卫我们的幸福生活。

第 / 六 / 章

美丽世界

生态兴则文明兴，生态衰则文明衰。生态环境是人类生存和发展的根基，生态环境变化直接影响文明兴衰演替。

古埃及、古巴比伦、古印度和中国是世界四大文明古国，四国均发源于森林茂密、水量丰沛、田野肥沃的地区。

奔腾不息的长江、黄河，是中华民族的摇篮，哺育了灿烂的中华文明。而由于生态环境的衰退，特别是严重的土地荒漠化，则导致古埃及、古巴比伦的衰落。

学史明智，鉴往知来，回望人类发展的漫长岁月，放眼四海文明的荣辱兴衰，我们共同生存的这个世界，到底和生态建设有着怎样休戚相关的命运，又究竟要怎样才能更好地实现可持续发展呢？这样的思考看似宏大，但实则与每个生命都息息相关，或许只有在历史长河之中，我们才能找寻到终极的答案。

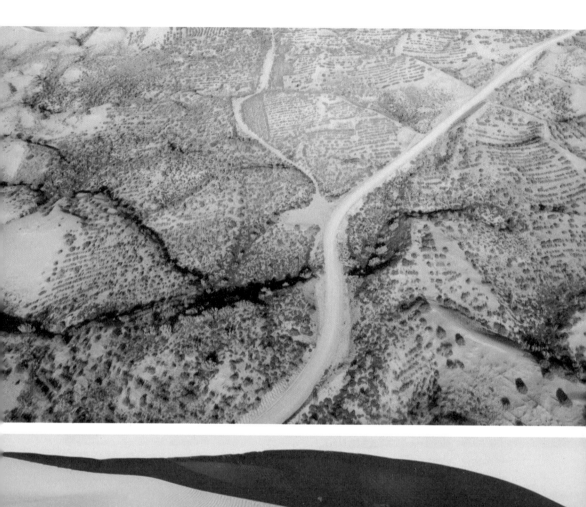

内蒙古库布其沙漠

库布其沙漠是我国第七大沙漠，地处黄河中游的南缘，居于内蒙古自治区鄂尔多斯市杭锦旗北部，总面积约1.4万平方公里，常被称作"死亡之海"。库布齐沙漠景色壮美，风光独特，700里黄河宛如弓背，迤逦东去的茫茫沙漠宛如一束弓弦，形成了一个巨大的金弓。许多来库布其游玩的人都给这里贴上了这样的标签——"沙漠界的耻辱"。

之所以有这样的标签存在，纯粹是因为库布其沙漠是截至目前世界上唯一被整体治理的沙漠，被联合国称为"全球治沙样本"。库布其沙漠中只有一小片沙域由于当地的沙漠旅游发展而被保留下来。原本狂野无边的沙漠，现在竟然成为人们嬉闹玩耍的乐园，这么看来，库布其沙漠的确够"耻辱"。

论坛开幕式
ening Ceremony

在内蒙古自治区党委和区政府的带领下，各族群众与沙漠艰苦战斗了几十年，库布其、毛乌素等沙化地区得到了根本性改变。祖国的北方多了一道绿色长城，侵袭华北地区的风沙得到了明显遏制。

我国成功的治沙经验引起了全世界的关注，每两年就会在库布其举行一届国际沙漠论坛。波兰总统杜达曾经在第六届沙漠论坛演讲中称库布其沙漠的成功治理就是一个奇迹。

那么这个奇迹是怎样诞生的？郁郁葱葱的绿洲，又是怎么来的呢？

库布其沙漠的向导李金贵老人缓缓说出了他的故事。他的家在沙漠东部、达拉特旗一个名叫银肯塔拉的地方，他在这里居住生活了70年。

曾经的库布其沙漠是华北地区沙尘暴的主要源头，每当大风袭来，整个地区黄沙漫天，如同世界末日一般，而在这样的恶劣环境中，李金贵的家乡达拉特旗，眼看着几乎到了从地球上消失的地步。

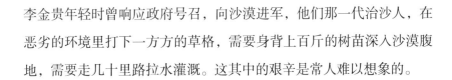

李金贵年轻时曾响应政府号召，向沙漠进军，他们那一代治沙人，在恶劣的环境里打下一方方的草格，需要身背上百斤的树苗深入沙漠腹地，需要走几十里路拉水灌溉。这其中的艰辛是常人难以想象的。

李步和是李金贵的儿子，他原本是个建筑商人，为了继承父亲的治沙事业，也为了家乡不再受风沙肆虐之苦，他把赚到的钱大部分都用在了雇人植树造林上。当时雇佣的工人白天进到沙漠里，感到环境太过恶劣，无论吃饭还是睡觉到处都是沙子，实在是受不了，就走了。只有极少数人能坚持下来。

李金贵和李步和的内心深处有一种矛盾，他们热爱家乡，同时又担忧家乡恶劣的环境。他们把孩子送到北京，希望可以让她免遭风沙之苦。

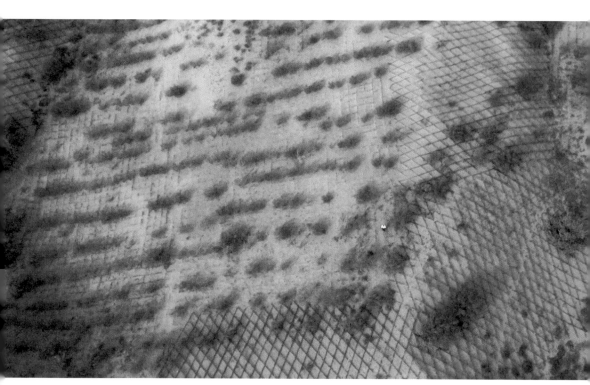

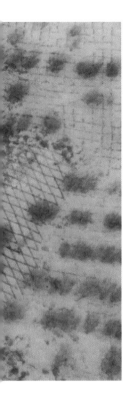

李方是李金贵的孙女，一名 90 后大学生，她小时候在达拉特旗读完小学后，就被家人送到了北京。从初中、高中，再到大学，后来考上研究生，她这一走，就是 12 年。

很小的时候，李方的爷爷、爸爸、妈妈就对她说，好好读书，好好奋斗，将来去大城市，去环境好的地方，她时时刻刻记在心里。那个时候的她还不能理解爷爷和爸爸在做什么。为什么要在沙漠里种树呢，为什么要天天去沙漠里呢，又脏又乱的，这些疑问一直盘旋在李方的脑海中。

被送到北京之后，李方一直努力学习，大学毕业后，李方去了香港继续读研究生。2019 年毕业后她选择了回家，和爷爷、爸爸在一起，和库布其在一起。不了解她的同学对于她的决定感到无法理解，为什么在见识过外面的大千世界之后，她还要选择回到沙漠呢？小的地方会局限她的发展，不是吗？面对同学的不解，李方态度很是坦然，她觉得库布其从来都不会局限她，反而会拓宽她的人生。她很愿意回去，回到库布其沙漠，利用现在年轻人的思维方式，为之前辛苦过的那代人做点事情。

李方回到家乡以后，充分利用自己学到的旅游专业
知识，帮助父亲开发沙漠原生态旅游。她想凭借旅
游收入，进一步反哺生态建设，进而实现良性循环。
在她的不断努力下，沙漠原生态旅游产业渐渐发展
起来。

她的家乡银肯塔拉，在蒙语中意为"和谐的草原"。
在以前，这片"草原"有名无实，而如今，银肯塔
拉已经成为鄂尔多斯的绿色明珠。

在库布齐沙漠的深处，还有一片绿树成荫、牛羊成群的地方，在地图上这个地方叫官井村。但是它以前还有一个名字——"一苗树壕"，这称呼记载着当年艰辛的历史。

在以前，由于风沙太大，沙子堆积起来能有一腿多高，经常会导致第二天门被沙子堵住、完全推不开的情况，所以后来官井村老房子的门在设计时都是往里面开的。

当年，整个官井村里就只有一棵树，所以"一苗树壕"的村名就由此传开来。

高林树就是在官井村种下第一棵树的那个人，现如今80多岁的他说，他的名字就注定了植树将会是他一生的职业。绿树成荫、鸟语花香，是他们家祖祖辈辈的梦想。

高林树当年种下那棵树的时候，不曾想过无意中捡来的树苗竟然能在这恶劣的环境中活下来。然而奇迹总是在不经意间出现。连续植树几十年，目前仅高林树一家就已经造林超过 5000 亩。在高林树的带领下，官井村已经从当年只有一棵树，变成了现在拥有 20 万亩森林的绿洲，生态环境的改善给官井村人们的生活也带来了翻天覆地的变化。

良好的生态蕴含着无穷的经济价值，大自然给予了官井村人们丰厚的回馈。

党的十八大以来，在当地政府主导下，高林树一家养殖了优质绵羊，种上了国外引进的优良牧草，加上机械化种植的 400 亩玉米，全家的收入每年都在 18 万元以上。

社会、环境、经济，这三个维度能否和谐地发展，是世界级的难题。而如何协调三者的关系，正是联合国 2030 年可持续发展目标的内容。

和官井村一样，因为生态环境的改善而实现经济增长、保持社会安定团结，这样的典范在库布其沙漠地区还有很多，因此库布其不仅是"全球治沙样本"，也是可持续发展的经典范例。

2018 年，联合国副秘书长、联合国环境署执行主任埃里克·索尔海姆在接受媒体采访时说："库布其模式是令人赞叹的中国防沙治沙实践，它的成功在于它不仅仅绿化了沙漠，也提供了经济发展的机会，我真的希望能把它推广到世界上其他的国家和地区。"

近年来，库布其模式跟随着中国"一带一路"倡议的脚步，已经走向世界各地，为受荒漠化影响的 100 多个国家、约 21 亿人带去了希望和借鉴。

人类是命运共同体，每个民族、每个国家的前途命运都紧紧联系在一起。荒漠化和全球变暖两大危机不是一个国家的事情，而是全人类面对的课题，人类必须携手共同应对。

人类必须风雨同舟，荣辱与共，努力建设持久和平、普遍安全、共同繁荣、开放包容、清洁美丽的世界。

甘肃天水常杨村

2018 年，一条不到 3 分钟的短视频刷爆了朋友圈和微博。视频中的小熊在妈妈的带领下攀爬雪山，萌萌的小熊每次都在即将登顶的时候功亏一篑，还有一次快要成功的时候，却被熊妈妈推了下去。经过多次努力，小熊终于成功了。所有人都以为，这是熊妈妈在训练小熊的生存能力，其用心良苦感动了亿万人。

但事实上，真相并非如此。

研究动物行为学的专家解释，这很可能是熊妈妈受到人类无人机的惊吓，做出的保护小熊的举动。视频中的熊母子还算幸运，没有受到生命威胁。与它们相比，在地球的最北端，那里北极熊的现状实在让人揪心不已。

前些年，国外一名摄影师拍到这样的画面：一头瘦骨嶙峋的北极熊，跑到人类领地的垃圾桶里寻找食物。

由于全球气候变暖，北极冰川融化，北极熊再也不能依靠浮冰去深海捕猎食物，因此在北极，饥饿的北极熊越来越多。除了这些，一些极端的例子也曾被人拍到：一头熊妈妈为了生存，不得不吃掉自己的宝宝。这实在是一件太过悲伤的事情。

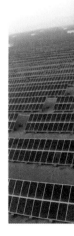

全球气候变暖，对北极熊的家园已经构成了巨大威胁，那么人类的家园就能幸免吗？

面对现在危急的局面，中国没有置身事外。在政府的倡导下，全国上下积极响应，开展了一场节能减排大行动。

中国政府在签署全球应对气候变化的《巴黎协定》后，在全国各地开始实行节能减排各项措施。随着各种措施的实行、环保观念的宣传，低碳环保、绿色健康的理念已经深深影响到了人们的生活和日常习惯。

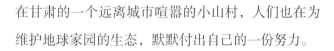

在甘肃的一个远离城市喧嚣的小山村，人们也在为维护地球家园的生态，默默付出自己的一份努力。

清水县常杨村曾经是个县级贫困村，党的十八大以后，村子发生了翻天覆地的变化。村里人都说，变化最大的人莫过于赵小红了。

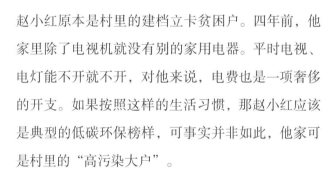

赵小红原本是村里的建档立卡贫困户。四年前，他家里除了电视机就没有别的家用电器。平时电视、电灯能不开就不开，对他来说，电费也是一项奢侈的开支。如果按照这样的生活习惯，那赵小红应该是典型的低碳环保榜样，可事实并非如此，他家可是村里的"高污染大户"。

怎么会是这样呢？原来赵小红以前的老房子十分破旧，怕下雨、怕刮风，漏风不说，还要时刻担心房子会塌了。他住的是需要烧柴火的炕，生活取暖都需要烧柴烧煤，滚滚的黑烟从烟囱中冒出，有时候屋里的人也常被呛得睁不开眼。

2015 年，赵小红搬进了村委会给他盖的新房子，不仅有了新家，还安装了光伏电板。不过，刚安装上光伏的时候，在赵小红和许多村民看来，这东西有点不靠谱。甚至有些村民觉得，这白白净净的光伏面板太"娇嫩"，根本不经折腾。万一坏了，耽误了做饭看电视，那才叫自讨苦吃。

然而四年过去了，赵小红家的光伏发电一切正常，根本就没有出现过之前担心的问题，这无疑让远近的村民都看到了光伏的好处。村民们从拒绝安装到主动安装，一片片光伏成了清水县各山村的一道靓丽景色。

安装了光伏电板之后的四年来，常杨村山里的树木就再也没有被人砍过，赵小红家里砍柴的斧头早已不知所终。

看着山里郁郁葱葱的树木，常杨村村委主任汪建平打心底里开心。以前用电怕花钱，群众都烧柴火，冬天取暖也是烧柴火，乱砍滥伐把环境都破坏了。现在有了光伏发电，群众也不发愁电了，也不用砍树了，做饭用上了电磁炉，不但家庭环境干净了，生态环境也变好了。

从砍柴烧煤到使用清洁的光伏发电，常杨村民众的生活方式和消费观念都变了。老百姓都说，村子里变得干净了，空气变得清新了，日子也过得快活了。

常杨村的人们，用清洁的光伏发电留住了青山绿水，留住了美丽家园。

一村一地的节能减排看似对遏制全球的温室效应起不了多大作用，但在政府的引领和倡导下，亿万人一齐行动起来，那就是磅礴的力量。

2018 年 11 月 16 日上午，科技部发布了《全球生态环境遥感监测 2018 年度报告》。报告中指出，我国碳排放总体虽呈上升趋势，但因政府积极采取了推广应用清洁能源与实施重大生态工程的措施，碳减排成效明显，排放增速逐渐降低，自 2013 年以来增速基本为零。我国在哥本哈根世界气候大会前夕的承诺"2020 年单位 GDP 碳排放强度下降 40%—45%"，已提前三年达到指标。

导致全球变暖的元凶，就是空气中过量的二氧化碳。因此缓解全球变暖危机，除了节能减排，我们首先能做的就是植树造林，尽量地维护好生态环境，让地球多一点绿色。

森林是地球之肺，森林植物可以通过光合作用吸收大量的二氧化碳，然后释放出氧气，使人类不断地获得新鲜空气。

北京大兴区北臧村

2019 年 2 月 12 日，美国航天局在社交媒体上的一段话引来了世界网友的围观："现在的世界比 20 年前更绿。其中全球植被面积净增长的 25% 都来自中国。"

中国的变绿，源自中国人只争朝夕的精神，更是中国人持之以恒坚守的结果。

塞罕坝林场、毛乌素沙地、山西右玉县等地方和库布其一样，都是经过几代人的不懈努力，生态环境得以逐渐修复的中国环境治理样本区。

2019 年的北京处于生态修复的重要阶段。曾几何时，沙尘暴和雾霾是北京撕不掉的标签。伴随经济的高速发展，大城市生态之痛出现在各个城市，北京并不是唯一的"受害者"，这其中历史上最有名的要数英国伦敦。

1952 年 12 月，这一年英国冬天格外寒冷。那时的伦敦居民还普遍依靠烧煤取暖，加上工厂排出大量工业气体，伦敦城区几乎一个月都被浓雾笼罩，能见度只有几米，一度导致城内交通瘫痪。许多市民出现胸闷、窒息等不适感，发病率和死亡率急剧增加。据统计，当月因这场大烟雾而死的人多达 4000 人。这就是 20 世纪十大环境公害事件之一的"伦敦烟雾事件"。

与之类似的环境公害事件在东京、洛杉矶等城市都曾出现过。惨痛的历史不断告诉我们，工业化进程虽然创造了前所未有的物质财富，但也产生了难以弥补的生态创伤。杀鸡取卵、竭泽而渔的发展方式终将走到尽头，顺应自然、保护生态的绿色发展才能更长远、更持久地走向未来。在两种发展方式中，很明显，中国选择了后者。

1981 年，北京市的森林覆盖率只有 8.1%。而到了 2019 年，北京森林覆盖率已经达到了 43.5%。森林覆盖率的巨大跨越，来源于北京市 2012 年启动的一项大举措——百万亩平原造林工程。

在以前，北京的森林覆盖面积 80% 集中在山区，为此北京市启动"百万亩平原造林工程"项目，要求在平原地区新增一百万亩的绿地面积。

2012 年，北京大兴区北臧村被选为造林工程示范地，要进行土地流转，对此村里的农民心里有些忐忑。

以前的北臧村，虽然靠近永定河，但这里的土地沙化严重，庄稼的产量极少。即使如此，还要防止风沙掩埋。

北臧村村民顾亚军回忆起刚来到这个村子的时候，街道上全是沙土，有时连自行车都没法骑，只能推着走。起风时，门边甚至会堆起至少十几厘米的沙土。

因为这个原因，村民对于自己村里沙化的土地几乎不抱有任何期望，种上树木花草，又能怎么样，养得活吗？

但是农民对土地的感情是深厚的，土地流转后，生活怎么办？

对于村民们的担心，当时政府向他们允诺，流转土地的村民将成为护林队工人，按月领取工资。村民们盘算，每月能从园林养护公司领取到将近两千元，一年算下来，怎么也比守着贫瘠的沙地强。

现如今九年过去了，当初种下的那些花草树木都活了，大兴区北臧村也成了景色优美的小镇。建在林子中间的骑行道，已经成了京津冀地区骑行爱好者的圣地。

顾亚军现在的身份是绿化养护队队长，每天的工作就是和十几名队员一起，为村里的花花草草修剪枝叶，洒水灌溉。她将小树苗管理成大树，在她眼中，这些树仿若她的孩子一般。

经过百万亩平原造林工程，大兴区北臧村的环境得到明显改善，土地沙化得到明显遏制。

2018 年，北京市启动了新一轮百万亩造林绿化行动，计划到 2022 年，全市森林绿地湿地面积再增加 100 万亩，全市森林覆盖率达到 45% 以上。第一轮造林主要是在平原地区，新一轮的百万亩造林除了乡村，还有城区，范围相对来说会更广一些。

广阳谷城市森林是西城区新增加的一处绿地。在这片总面积不到 3.5 万平方米的小小"世界"里，共种植了 79 种树、32 种草，相比普通的街角绿地，这里的植物在种植方式上更加贴近自然。

几年前，这里还是拆迁闲置地，一直以来都用厚厚的围墙挡着。由于这里地段优越、交通便利、人口稠密，所以在附近的居民看来，这里很可能会修建新的地标建筑。但是谁也没想到几年过去，这里居然成了郁郁葱葱的城市森林。如此宝贵的土地竟然被用来建设城市绿地，这让许多市民感到十分意外。

城市森林，并不是想象中的普通绿地或者街心公园，而是一种完全不同的新型绿化样式，其特点是以生物多样性为主，以森林空间为主体，把自然还给居民。

规划所的周叶子在和同事们进行城市森林的设计时，要比平时付出更多的精力。因为检验城市森林是否合格，他们说了不算，必须经得起眼光极其刁钻的"专家"们的考验。这些"专家"指的就是小动物、小昆虫。在未来城市森林形成的独立生态循环环境，会成为小动物在城市中的栖息地。

这一切都是尊重自然、顺应自然、天人合一的理念的体现，我们要让城市融入大自然，让居民望得见山，看得见水。

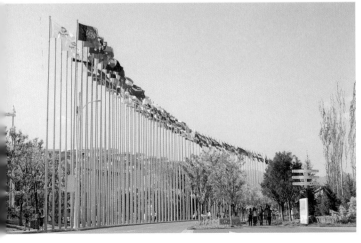

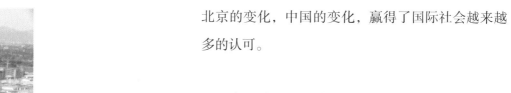

北京的变化，中国的变化，赢得了国际社会越来越多的认可。

2019 年，在北京延庆妫水河畔，时隔整整 20 年，有园艺界"奥林匹克"之称的大型国际园艺博览会再次来到了中国。这届盛会，有来自全球 110 个国家以及国际组织前来参展，创下了世界园艺博览会历史上参展方数量最多的纪录。北京世界园艺博览会以"绿色生活，美丽家园"为主题，旨在倡导人们尊重自然、融入自然、追求美好生活。

国家主席习近平在北京世园会开幕式上说，共建"一带一路"就是要建设一条开放发展之路，同时也必须是一条绿色发展之路。这是与会各方达成的重要共识。中国愿同各国一道，共同建设美丽地球家园，共同构建人类命运共同体。

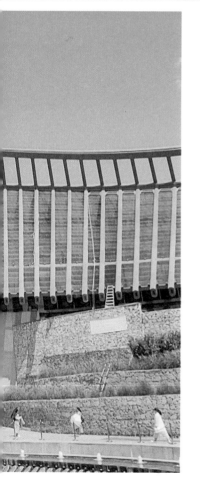

如果说 1999 年的昆明世园会是世纪之交的盛会，是对 21 世纪的一种憧憬、一种期盼，那么 20 年后的北京世园会，则是对之前的世纪命题交出的一份完美的答卷。

绿色生活，美丽家园，是我们共同的追求。坚持绿水青山就是金山银山的理念，向世界昭示中国和各国共建美丽世界的决心，更昭示中国积极成为全球生态文明建设重要参与者、贡献者、引领者的信心。

以李金贵和高林树为代表的库布其沙漠治沙人、植树人，让世界看到了中国人建设美丽家园的力量，也为世界防治荒漠化提供了信心。

赵小红家乡的光伏电板，留住了青山，留住了美丽家园，为当地村民带来了便捷，也让世界看到了中国在节能减排上付出的实实在在的行动。

顾亚军的家乡变了，变的不仅是村庄的面貌，还有村民们的精神面貌，这种变化，让世界知道绿水青山真是金山银山。

北京世园会向世界传递了我们新时代的心声，坚持绿色可持续发展，和各国携手共建美丽世界，功在当代，利在千秋。让我们从自己、从现在做起，把接力棒一棒一棒传下去。

这条绿色发展的环保之路，中国会坚定不移地走下去。

全面推进绿色发展

事关人类自身的命运与未来